高等学校精品教材

数学物理方程与特殊函数

Equations of Mathematical Physics and Special Functions

吴昌英　李建周　李　洁　编著

電子工業出版社
Publishing House of Electronics Industry
北京•BEIJING

内 容 简 介

本书根据编著者在西北工业大学电磁场与微波技术课程组多年的教学经验编写而成。本书首先介绍了偏微分方程和定解问题的概念与建立方法；然后以方法为主线，依次介绍了分离变量法、行波法、积分变换法和格林函数法；最后介绍了应用于分离变量法的贝塞尔函数和勒让德多项式。

本书注重理论与实际的结合，叙述注重启发性，易学易懂。本书可作为普通高等学校工科专业的本科教材，也可作为相关科研、工程技术人员的参考书或自学用书。

图书在版编目（CIP）数据

数学物理方程与特殊函数 / 吴昌英，李建周，李洁编著．—北京：电子工业出版社，2023.11

ISBN 978-7-121-46515-4

Ⅰ．①数… Ⅱ．①吴… ②李… ③李… Ⅲ．①数学物理方程－高等学校－教材②特殊函数－高等学校－教材 Ⅳ．①O175.24②O174.6

中国国家版本馆 CIP 数据核字（2023）第 205472 号

责任编辑：路 越
印 刷：北京虎彩文化传播有限公司
装 订：北京虎彩文化传播有限公司
出版发行：电子工业出版社
北京市海淀区万寿路 173 信箱 邮编：100036
开 本：787×1092 1/16 印张：11.25 字数：246 千字
版 次：2023 年 11 月第 1 版
印 次：2025 年 2 月第 2 次印刷
定 价：49.80 元

凡所购买电子工业出版社图书有缺损问题，请向购买书店调换。若书店售缺，请与本社发行部联系，联系及邮购电话：（010）88254888，88258888。

质量投诉请发邮件至 zlts@phei.com.cn，盗版侵权举报请发邮件至 dbqq@phei.com.cn。

本书咨询联系方式：mengyu@phei.com.cn。

前言

在物理学和工程技术中，许多实际问题的数学模型往往可以表示为偏微分方程的形式。这些偏微分方程经过近似和化简，通常具有简约和对称的形式，符合数学美的特征。达·芬奇称数学为“一门美丽的语言学”。“数学物理方程与特殊函数”是以这些美丽的偏微分方程为主要研究对象，介绍线性偏微分方程精确解法的工程数学课程。

“数学物理方程与特殊函数”是电子信息等工科专业本科学生的必修课程，是进一步学习后续专业课程的基础。在学习“电磁场与电磁波”课程中的波的传播和静态场分析，以及“微波技术基础”课程中的波导和谐振腔等知识前，都需要掌握本书的主要内容，深入理解本书的知识点。

本书以方法为主线，依次介绍了分离变量法、行波法、积分变换法和格林函数法。每章前有引言、后有小结，以方便初学者梳理各方法的来龙去脉。本书在介绍各方法时，不仅给出了各方法的适用范围，还注重各方法之间的关系。例如，积分变换法是分离变量法取极限后的结果，将傅里叶级数变成了傅里叶积分。格林函数类似“信号系统”课程中的线性时不变系统的冲击响应，是具有某一功能的函数。

本书融入了很多实际的例子，以激发读者的学习兴趣，并促使读者理解数学与物理的本质。例如，将分离变量法和古筝、单簧管、竹笛这些乐器的工作原理结合起来，给出乐音三要素的数学解释，将数学公式形象化。另外，本书还结合物理概念，深入对比了贝塞尔函数和三角函数，以消除读者对新知识的陌生感，并掌握贝塞尔函数的用途。

由于编著者水平有限，虽然尽力从事，谨慎为之，但是书中不妥之处在所难免，敬请读者批评指正，以期改进。

编著者

目录

莱昂哈德·欧拉（Leonhard Euler，1707-4-15—1783-9-18），瑞士数学家、自然科学家。欧拉在解决物理问题的过程中，创立了微分方程这门学科。偏微分方程的纯数学研究的第一篇文章是欧拉写的《方程的积分法研究》。欧拉还研究了求解微分方程的级数法，最早引入了“通解”和“特解”这两个名词。

第1章　概论

为了描述并解决自然科学和工程技术中的问题，往往需要对这些问题建立数学模型，即数学物理方程。有时建立的数学模型是含有多个自变量的偏微分方程。本章介绍偏微分方程和定解问题的概念，推导出描述物理现象的三类典型的数学物理方程。通过本章的学习，希望读者能够体会三类典型的数学物理方程的价值。

1.1　偏微分方程

一个多变量函数的偏导数是指在保持其他变量恒定时，该函数关于其中一个变量的导数。以二元函数为例，函数 $z=f(x,y)$ 在点 (x_0,y_0) 处对 x 的偏导数定义为

$$\lim_{\Delta x\to 0}\frac{f\left(x_0+\Delta x,y_0\right)-f\left(x_0,y_0\right)}{\Delta x} \tag{1.1.1}$$

记作 $\left.\frac{\partial z}{\partial x}\right|_{\substack{x=x_0\\y=y_0}}$ 、 $\left.\frac{\partial f}{\partial x}\right|_{\substack{x=x_0\\y=y_0}}$ 、 $\left.z_x\right|_{\substack{x=x_0\\y=y_0}}$ 、 $\left.f_x\right|_{\substack{x=x_0\\y=y_0}}$ 、 $\frac{\partial f\left(x_0,y_0\right)}{\partial x}$ 或 $f_x\left(x_0,y_0\right)$。

偏导数的符号∂是微分符号 d 的变形，可以读作偏、partial d、curly d、rounded d 等。

设函数 $z=f(x,y)$ 在区域 D 内具有偏导数，即

$$\frac{\partial z}{\partial x}=f_x\left(x,y\right),\quad \frac{\partial z}{\partial y}=f_y\left(x,y\right)$$

因此，在区域 D 内，$f_x(x,y)$ 和 $f_y(x,y)$ 都是 x、y 的函数。如果这两个函数的偏导数也存在，就称它们为函数 $z=f(x,y)$ 的二阶偏导数。按照对变量进行求导的次序的不同，函数 $z=f(x,y)$ 有四个二阶偏导数，即

$$\frac{\partial}{\partial x}\left(\frac{\partial z}{\partial x}\right)=\frac{\partial^2 z}{\partial x^2}=f_{xx}\left(x,y\right) \tag{1.1.2a}$$

$$\frac{\partial}{\partial y}\left(\frac{\partial z}{\partial x}\right)=\frac{\partial^2 z}{\partial x\partial y}=f_{xy}\left(x,y\right) \tag{1.1.2b}$$

$$\frac{\partial}{\partial x}\left(\frac{\partial z}{\partial y}\right)=\frac{\partial^2 z}{\partial y\partial x}=f_{yx}\left(x,y\right) \tag{1.1.2c}$$

$$\frac{\partial}{\partial y}\left(\frac{\partial z}{\partial y}\right)=\frac{\partial^2 z}{\partial y^2}=f_{yy}\left(x,y\right) \tag{1.1.2d}$$

其中，式（1.1.2b）和式（1.1.2c）称为混合偏导数。同理可得三阶、四阶等偏导数。二阶及二阶以上的偏导数在连续条件下与求导的次序无关，即

$$\frac{\partial^2 z}{\partial x\partial y}=\frac{\partial^2 z}{\partial y\partial x} \tag{1.1.3}$$

为了简化运算式，哈密顿（William Rowan Hamilton）引入了一个矢量微分算子∇，称为哈密顿算子，读作“del”或“nabla”。∇在三维直角坐标系中表示为

$$\nabla=\frac{\partial}{\partial x}\boldsymbol{i}+\frac{\partial}{\partial y}\boldsymbol{j}+\frac{\partial}{\partial z}\boldsymbol{k} \tag{1.1.4}$$

∇可以简化梯度、散度和旋度的表示形式，即

$$\mathrm{grad}u=\nabla u\ ,\quad \mathrm{div}\boldsymbol{A}=\nabla\cdot\boldsymbol{A}\ ,\quad \mathrm{curl}\boldsymbol{A}=\nabla\times\boldsymbol{A} \tag{1.1.5}$$

两个哈密顿算子的点乘是拉普拉斯算子，记作∇^2或Δ，即

$$\Delta=\nabla^2=\nabla\cdot\nabla \tag{1.1.6}$$

拉普拉斯算子表示对一个标量取梯度后求散度，是标量算子。在一维直角坐标系、二维直角坐标系、三维直角坐标系、极坐标系、圆柱坐标系和球坐标系中，拉普拉斯算子分别表示为

$$\nabla^2=\frac{\mathrm{d}^2}{\mathrm{d}x^2} \tag{1.1.7a}$$

$$\nabla^2=\frac{\partial^2}{\partial x^2}+\frac{\partial^2}{\partial y^2} \tag{1.1.7b}$$

$$\nabla^2=\frac{\partial^2}{\partial x^2}+\frac{\partial^2}{\partial y^2}+\frac{\partial^2}{\partial z^2} \tag{1.1.7c}$$

$$\nabla^2=\frac{1}{\rho}\frac{\partial}{\partial\rho}\left(\rho\frac{\partial}{\partial\rho}\right)+\frac{1}{\rho^2}\frac{\partial^2}{\partial\theta^2} \tag{1.1.7d}$$

$$\nabla^2=\frac{1}{\rho}\frac{\partial}{\partial\rho}\left(\rho\frac{\partial}{\partial\rho}\right)+\frac{1}{\rho^2}\frac{\partial^2}{\partial\theta^2}+\frac{\partial^2}{\partial z^2} \tag{1.1.7e}$$

$$\nabla^2=\frac{1}{r^2}\frac{\partial}{\partial r}\left(r^2\frac{\partial}{\partial r}\right)+\frac{1}{r^2\sin\theta}\frac{\partial}{\partial\theta}\left(\sin\theta\frac{\partial}{\partial\theta}\right)+\frac{1}{r^2\sin^2\theta}\frac{\partial^2}{\partial\varphi^2} \tag{1.1.7f}$$

对一个直角坐标系中的二维函数u做拉普拉斯运算，可以表示为

$$\nabla^2 u=\frac{\partial^2 u}{\partial x^2}+\frac{\partial^2 u}{\partial y^2} \tag{1.1.8}$$

含有未知函数偏导数的等式称为偏微分方程。在自然界中，很多问题的数学描述都是偏微分方程。例如，描述弦、杆、膜、液体、气体等振动和电磁场振荡的波动方程：

$$\frac{\partial^2 u}{\partial t^2}=a^2\nabla^2 u \tag{1.1.9}$$

描述热传导、流体的扩散、黏性液体流动的热传导方程：

$$\frac{\partial u}{\partial t}=a^2\nabla^2 u \tag{1.1.10}$$

描述静电场分布、静磁场分布、稳定温度场分布的位势方程：

$$\nabla^2 u=0 \tag{1.1.11}$$

描述电磁理论的麦克斯韦方程组：

$$\begin{cases}\nabla\times\boldsymbol{H}=\boldsymbol{J}_c+\dfrac{\partial\boldsymbol{D}}{\partial t}\\ \nabla\times\boldsymbol{E}=-\dfrac{\partial\boldsymbol{B}}{\partial t}\\ \nabla\cdot\boldsymbol{D}=\rho\\ \nabla\cdot\boldsymbol{B}=0\end{cases} \tag{1.1.12}$$

量子力学中描述微观粒子状态的薛定谔方程：

$$-\frac{h^2}{2m}\nabla^2\psi+V\psi=\mathrm{i}h\frac{\partial\psi}{\partial t} \tag{1.1.13}$$

广义相对论中的爱因斯坦方程：

$$R_{\mu\nu}-\frac{1}{2}g_{\mu\nu}R=-\kappa T_{\mu\nu} \tag{1.1.14}$$

使用数学方法研究物理问题或其他自然现象而建立起来的方程称为数学物理方程。数学物理方程不仅有上述偏微分方程，还有常微分方程、积分方程等。

本章主要研究波动方程、热传导方程和位势方程这三类典型的偏微分方程，许多物理问题都可以用它们来描述。这三类典型的偏微分方程是很美的方程：它们的形式很简约，具有外在美；它们的用途很广泛，具有内在美。

1.2 方程的建立

采用数学方法研究物理问题的第一步是将物理问题转化为数学问题。本节通过几个不同的物理模型推导出数学物理方程中三类典型的偏微分方程，从中了解建立数学模型的一般步骤，认识这三类典型的偏微分方程的广泛物理背景。通常需要以下三个步骤来推导数学物理方程。

（1）确定要研究的物理量，如位移、场强、温度等。

（2）根据物理规律建立方程。

（3）对方程进行化简，必要时进行工程近似。

1.2.1　弦的振动

1．确定要研究的物理量

要研究弦的振动规律，可以将弦的位移作为要研究的物理量。在数学物理方程中，通常用 u 来表示未知函数（Unknown Function）。对于弦的振动，以弦的平衡位置为 x 轴，以 $u(x,t)$表示 x 点处的弦在 t 时刻的横向位移。

2．根据物理规律建立方程

图 1.2.1 所示为弦的坐标系，选取弦上的一个微元$(x,x+\mathrm{d}x)$进行研究。在 t 时刻，这一段弦的横向位移为 $u(x,t)$，横向速度为$\dfrac{\partial u(x,t)}{\partial t}$，横向加速度为$\dfrac{\partial^2 u(x,t)}{\partial t^2}$；弦的线密度为 ρ。在不计重力的情况下，加速度是由两边的张力 T 和 T' 产生的。由于弦只做横向振动，因此根据牛顿第二定律，可以写出横向（u 向）的方程和纵向（x 向）的方程，即

$$T'\sin\alpha' - T\sin\alpha = \rho\mathrm{d}x\frac{\partial^2 u}{\partial t^2} \tag{1.2.1}$$

$$T'\cos\alpha' - T\cos\alpha = 0 \tag{1.2.2}$$

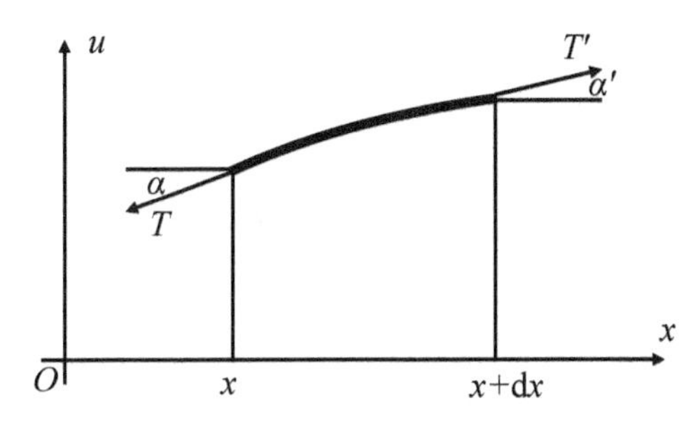

图 1.2.1　弦的坐标系

3．对方程进行化简和工程近似

假设弦做微小振动，因此$\alpha \approx 0$，$\alpha' \approx 0$，根据余弦函数的泰勒展开式，即

$$\cos\alpha = 1 - \frac{\alpha^2}{2!} + \frac{\alpha^4}{4!} - \cdots \tag{1.2.3}$$

对$\cos\alpha$和$\cos\alpha'$进行一阶近似，即

$$\cos\alpha \approx 1, \quad \cos\alpha' \approx 1 \tag{1.2.4}$$

结合式（1.2.2）和式（1.2.4）得

$$T' \approx T \tag{1.2.5}$$

由式（1.2.5）和x的任意性可知，张力T的大小与位置x无关。

结合式（1.2.1）和式（1.2.5）得

$$\sin\alpha' - \sin\alpha = \frac{\rho}{T}\mathrm{d}x\frac{\partial^2 u}{\partial t^2} \tag{1.2.6}$$

根据正切函数的泰勒展开式，即

$$\tan\alpha = \alpha + \frac{\alpha^3}{3} + \frac{2\alpha^5}{15} + \cdots \tag{1.2.7}$$

可得$\tan^2\alpha$的一阶近似为

$$\tan^2\alpha \approx 0 \tag{1.2.8}$$

因此有

$$\sin\alpha = \frac{\tan\alpha}{\sqrt{1+\tan^2\alpha}} \approx \tan\alpha \tag{1.2.9}$$

其中，$\tan\alpha$为弦在x点的斜率，斜率可以表示为$\dfrac{\partial u}{\partial x}$，即

$$\tan\alpha = \frac{\partial u}{\partial x} \tag{1.2.10}$$

根据式（1.2.9）和式（1.2.10），式（1.2.6）可以写为

$$\frac{\partial u(x+\mathrm{d}x,t)}{\partial x} - \frac{\partial u(x,t)}{\partial x} = \frac{\rho}{T}\mathrm{d}x\frac{\partial^2 u}{\partial t^2} \tag{1.2.11}$$

进而得

$$\frac{\partial^2 u}{\partial x^2} = \frac{\left[\dfrac{\partial u(x+\mathrm{d}x,t)}{\partial x} - \dfrac{\partial u(x,t)}{\partial x}\right]}{\mathrm{d}x} = \frac{\rho}{T}\frac{\partial^2 u}{\partial t^2} \tag{1.2.12}$$

或

$$\frac{\partial^2 u}{\partial t^2} = a^2\frac{\partial^2 u}{\partial x^2} \tag{1.2.13}$$

其中，$a^2 = T/\rho$。式（1.2.13）称为一维波动方程，等式右边表示对u做一维拉普拉斯运算。可以想象，二维波动方程和三维波动方程分别为

$$\frac{\partial^2 u}{\partial t^2}=a^2\left(\frac{\partial^2 u}{\partial x^2}+\frac{\partial^2 u}{\partial y^2}\right) \tag{1.2.14}$$

$$\frac{\partial^2 u}{\partial t^2}=a^2\left(\frac{\partial^2 u}{\partial x^2}+\frac{\partial^2 u}{\partial y^2}+\frac{\partial^2 u}{\partial z^2}\right) \tag{1.2.15}$$

如果弦在振动过程中还受到 u 向的外力，外力密度为 $F(x,t)$，则式（1.2.1）变为

$$T'\sin\alpha'-T\sin\alpha+F\mathrm{d}x=\rho\mathrm{d}x\frac{\partial^2 u}{\partial t^2} \tag{1.2.16}$$

按照上面的推导方法，可以得到弦的强迫振动方程，即

$$\frac{\partial^2 u}{\partial t^2}=a^2\frac{\partial^2 u}{\partial x^2}+f \tag{1.2.17}$$

其中，$f=F/\rho$。对于受迫的阻尼弦振动，有

$$\frac{\partial^2 u}{\partial t^2}=a^2\frac{\partial^2 u}{\partial x^2}-2\beta\frac{\partial u}{\partial t}+f \tag{1.2.18}$$

其中，β 为阻尼因子。

1.2.2 鼓膜的振动

对于一个均匀、各向同性的弹性圆膜，坐标原点位于圆膜的中心，面密度为 ρ_s，膜振动的方向垂直于膜平衡位置所在的平面，振动的位移为 $u(\rho,\theta)$。它在进行小幅振动时，类似弦的小幅振动，可以得出，在任何方向上，单位长度上所受的张力 T 也是常数。在圆膜上取一面元进行分析，该面元的坐标范围为 $(\rho,\rho+\mathrm{d}\rho)$ 和 $(\theta,\theta+\mathrm{d}\theta)$，四个边长分别为 $\rho\mathrm{d}\theta$、$(\rho+\mathrm{d}\rho)\mathrm{d}\theta$、$\mathrm{d}\rho$ 和 $\mathrm{d}\rho$。

沿平行于 ρ 的方向，设面元两端的张力与平衡位置的夹角分别为 α 和 α'；沿平行于 θ 的方向，设面元两端的张力与平衡位置的夹角分别为 β 和 β'。由牛顿第二定律得

$$T(\rho+\mathrm{d}\rho)\mathrm{d}\theta\sin\alpha'-T\rho\mathrm{d}\theta\sin\alpha+T\mathrm{d}\rho\sin\beta'-T\mathrm{d}\rho\sin\beta=\rho_s\rho\mathrm{d}\theta\mathrm{d}\rho\frac{\partial^2 u}{\partial t^2} \tag{1.2.19}$$

取一阶近似，得

$$\begin{aligned}&(\rho+\mathrm{d}\rho)\mathrm{d}\theta\frac{\partial u(\rho+\mathrm{d}\rho,\theta)}{\partial\rho}-\rho\mathrm{d}\theta\frac{\partial u(\rho,\theta)}{\partial\rho}+\mathrm{d}\rho\frac{\partial u(\rho,\theta+\mathrm{d}\theta)}{\rho\partial\theta}-\\&\mathrm{d}\rho\frac{\partial u(\rho,\theta)}{\rho\partial\theta}=\frac{\rho_s}{T}\rho\mathrm{d}\theta\mathrm{d}\rho\frac{\partial^2 u}{\partial t^2}\end{aligned} \tag{1.2.20}$$

采用类似式（1.2.12）的变换，式（1.2.20）可变为

$$\frac{\partial}{\partial\rho}\left(\rho\frac{\partial u}{\partial\rho}\right)+\frac{\partial^2 u}{\rho\partial\theta^2}=\frac{\rho_s}{T}\rho\frac{\partial^2 u}{\partial t^2} \tag{1.2.21}$$

因此有

$$\frac{\partial^2 u}{\partial t^2}=a^2\left(\frac{\partial^2 u}{\partial \rho^2}+\frac{1}{\rho}\frac{\partial u}{\partial \rho}+\frac{1}{\rho^2}\frac{\partial^2 u}{\partial \theta^2}\right) \tag{1.2.22}$$

其中，$a^2=T/\rho_s$ 。式（1.2.22）称为圆域内的波动方程。

圆域内的拉普拉斯运算可以和二维直角坐标系中的拉普拉斯运算通过全微分来转换。二维直角坐标和极坐标的关系为

$$\rho=\sqrt{x^2+y^2},\quad \theta=\arctan\frac{y}{x} \tag{1.2.23}$$

由此可得 ρ 和 θ 关于 x 与 y 的一阶偏导数为

$$\frac{\partial \theta}{\partial x}=-\frac{\sin\theta}{\rho},\quad \frac{\partial \theta}{\partial y}=\frac{\cos\theta}{\rho},\quad \frac{\partial \rho}{\partial x}=\cos\theta,\quad \frac{\partial \rho}{\partial y}=\sin\theta \tag{1.2.24}$$

根据全微分的定义，可得 u 关于 x 和 y 的一阶偏导数为

$$\frac{\partial u}{\partial y}=\frac{\partial u}{\partial \rho}\frac{\partial \rho}{\partial y}+\frac{\partial u}{\partial \theta}\frac{\partial \theta}{\partial y}=\frac{\partial u}{\partial \rho}\sin\theta+\frac{\partial u}{\partial \theta}\frac{\cos\theta}{\rho} \tag{1.2.25a}$$

$$\frac{\partial u}{\partial x}=\frac{\partial u}{\partial \rho}\frac{\partial \rho}{\partial x}+\frac{\partial u}{\partial \theta}\frac{\partial \theta}{\partial x}=\frac{\partial u}{\partial \rho}\cos\theta-\frac{\partial u}{\partial \theta}\frac{\sin\theta}{\rho} \tag{1.2.25b}$$

进一步可得 u 关于 x 和 y 的二阶偏导数为

$$\frac{\partial^2 u}{\partial y^2}=\frac{\partial^2 u}{\partial \rho^2}\sin^2\theta+\frac{\partial^2 u}{\partial \theta\partial \rho}\frac{\sin 2\theta}{\rho}+\frac{\partial^2 u}{\partial \theta^2}\frac{\cos^2\theta}{\rho^2}+\frac{\partial u}{\partial \rho}\frac{\cos^2\theta}{\rho}-\frac{\partial u}{\partial \theta}\frac{\sin 2\theta}{\rho^2} \tag{1.2.26a}$$

$$\frac{\partial^2 u}{\partial x^2}=\frac{\partial^2 u}{\partial \rho^2}\cos^2\theta-\frac{\partial^2 u}{\partial \theta\partial \rho}\frac{\sin 2\theta}{\rho}+\frac{\partial^2 u}{\partial \theta^2}\frac{\sin^2\theta}{\rho^2}+\frac{\partial u}{\partial \rho}\frac{\sin^2\theta}{\rho}+\frac{\partial u}{\partial \theta}\frac{\sin 2\theta}{\rho^2} \tag{1.2.26b}$$

将式（1.2.26a）和式（1.2.26b）相加，整理可得

$$\frac{\partial^2 u}{\partial x^2}+\frac{\partial^2 u}{\partial y^2}=\frac{\partial^2 u}{\partial \rho^2}+\frac{1}{\rho}\frac{\partial u}{\partial \rho}+\frac{1}{\rho^2}\frac{\partial^2 u}{\partial \theta^2} \tag{1.2.27}$$

因此，无论什么样的坐标系，都可以将波动方程写成如式（1.1.9）所示的形式。

1.2.3 电报员方程

电报员方程是曾经作为电报员的奥利弗·亥维赛（Oliver Heaviside）推导出来的一对传输线上电流和电压所满足的方程，也称传输线方程。对于一对传输线，当传输高频信号时，受分布参数的影响，传输线上不同位置的电压和电流未必相同。传输线上的分布参数包括以下几个。

（1）R：单位长度上的串联分布电阻。

（2）L：单位长度上的串联分布电感。

（3）G：单位长度上的并联分布电导。

（4）C：单位长度上的并联分布电容。

如图 1.2.2 所示，取传输线上一段线元$(z,z+\mathrm{d}z)$进行研究。

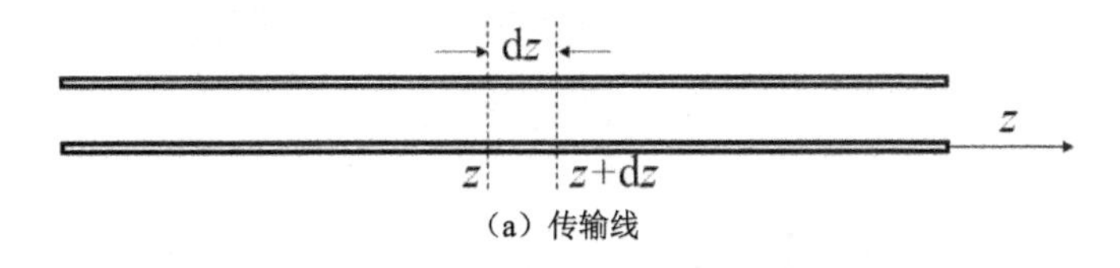

（a）传输线

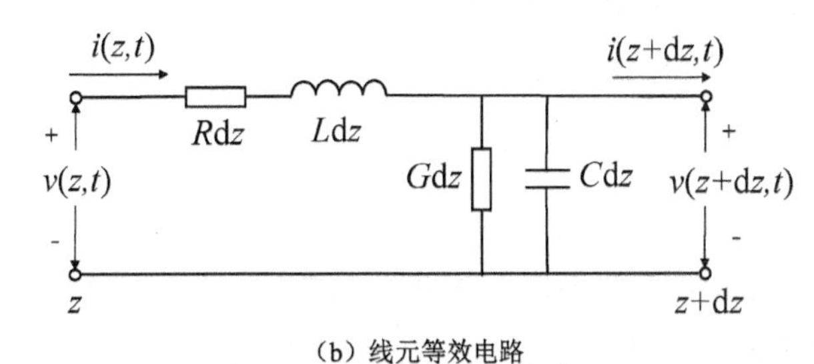

（b）线元等效电路

图 1.2.2　传输线模型

这段传输线左、右两侧的电压和电流分别为$v(z,t)$、$v(z+\mathrm{d}z,t)$与$i(z,t)$、$i(z+\mathrm{d}z,t)$。根据基尔霍夫第一定律，有

$$i(z,t)=i(z+\mathrm{d}z,t)+C\mathrm{d}z\frac{\partial v(z+\mathrm{d}z,t)}{\partial t}+G\mathrm{d}zv(z+\mathrm{d}z,t) \tag{1.2.28}$$

两边除以 dz 得

$$\frac{\partial i(z,t)}{\partial z}=-C\frac{\partial v(z+\mathrm{d}z,t)}{\partial t}-Gv(z+\mathrm{d}z,t)\approx-C\frac{\partial v(z,t)}{\partial t}-Gv(z,t) \tag{1.2.29}$$

根据基尔霍夫第二定律，有

$$v(z+\mathrm{d}z,t)-v(z,t)=-L\mathrm{d}z\frac{\partial i(z,t)}{\partial t}-R\mathrm{d}zi(z,t) \tag{1.2.30}$$

两边除以 dz 得

$$\frac{\partial v(z,t)}{\partial z}=-L\frac{\partial i(z,t)}{\partial t}-Ri(z,t) \tag{1.2.31}$$

先将式（1.2.29）对 z 进行微分，再将式（1.2.31）对 t 进行微分并乘以 C，两式相减得

$$\frac{\partial^2 i(z,t)}{\partial z^2}=LC\frac{\partial^2 i(z,t)}{\partial t^2}-G\frac{\partial v(z,t)}{\partial z}+RC\frac{\partial i(z,t)}{\partial t} \tag{1.2.32}$$

将式（1.2.31）代入式（1.2.32）得

$$\frac{\partial^2 i(z,t)}{\partial z^2}=LC\frac{\partial^2 i(z,t)}{\partial t^2}+(GL+RC)\frac{\partial i(z,t)}{\partial t}+RGi(z,t) \tag{1.2.33}$$

对于无耗传输线，即当 R=0 和 G=0 时，式（1.2.33）变为

$$\frac{\partial^2 i}{\partial t^2}=a^2\frac{\partial^2 i}{\partial z^2} \tag{1.2.34}$$

其中，$a^2=1/LC$。类似地，对式（1.2.29）和式（1.2.31）消去 i 可得

$$\frac{\partial^2 v}{\partial t^2}=a^2\frac{\partial^2 v}{\partial z^2} \tag{1.2.35}$$

可以看出，传输线上的电流和电压满足的式（1.2.34）和式（1.2.35）与弦上振幅满足的式（1.2.13）具有相同的形式。由此可见，不同的物理量可以满足同一个方程。

1.2.4 热传导

根据热力学第二定律，当物体内部各点的温度不同时，热量会从温度较高的地方向温度较低的地方流动。热传导过程总是表现为温度随位置和时间的变化而变化。热传导问题的几何模型如图 1.2.3 所示。

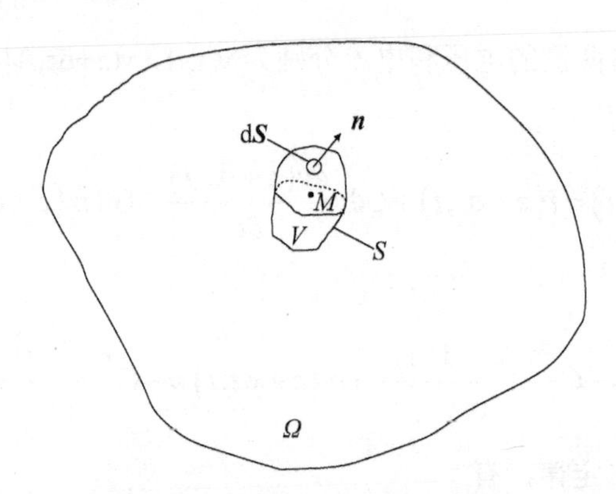

图 1.2.3　热传导问题的几何模型

为了研究各向同性区域 Ω 内的温度特征，在 Ω 内任选一点 M，在 t 时刻，M 点处的温度为 $u(M,t)$。取任意闭合曲面 S 包围 M，S 包围的区域为 V，S 上有一面元 $\mathrm{d}\boldsymbol{S}$，$\mathrm{d}\boldsymbol{S}$ 的单位法向矢量为 $\boldsymbol{n}$，$\boldsymbol{n}$ 指向 V 的外部，并与 $\mathrm{d}\boldsymbol{S}$ 垂直，$\mathrm{d}\boldsymbol{S}$ 的面积为 $\mathrm{d}S$。根据傅里叶定律，在 $\mathrm{d}t$ 时间内从 $\mathrm{d}\boldsymbol{S}$ 流入 V 的热量为

$$\mathrm{d}Q=k\frac{\partial u}{\partial n}\mathrm{d}S\mathrm{d}t=k\left(\nabla u\cdot\boldsymbol{n}\right)\mathrm{d}S\mathrm{d}t=k\nabla u\cdot\mathrm{d}\boldsymbol{S}\mathrm{d}t \tag{1.2.36}$$

其中，k 为热导率。因此，从时刻 t_1 到 t_2 通过 S 流入 V 的热量为

$$Q_1=\int_{t_1}^{t_2}\oiint_S k\nabla u\cdot\mathrm{d}\boldsymbol{S}\mathrm{d}t \tag{1.2.37}$$

高斯公式（矢量散度的体积分等于该矢量在限定该体积的闭合曲面上的面积分）为

$$\oint\!\!\!\oint_S \boldsymbol{A}\cdot\mathrm{d}\boldsymbol{S}=\iiint_V \nabla\cdot\boldsymbol{A}\mathrm{d}V \tag{1.2.38}$$

由高斯公式可得

$$Q_1=\int_{t_1}^{t_2}\iiint_V k\nabla^2 u\mathrm{d}V\mathrm{d}t \tag{1.2.39}$$

流入的热量导致 V 内的温度发生变化。从时刻 t_1 到 t_2，V 内各点的温度从 $u(M,t_1)$ 变化到 $u(M,t_2)$，根据比热容的定义，其需要的热量为

$$Q_2=\iiint_V c\rho[u(x,y,z,t_2)-u(x,y,z,t_1)]\mathrm{d}V=\iiint_V c\rho\int_{t_1}^{t_2}\frac{\partial u}{\partial t}\mathrm{d}t\mathrm{d}V \tag{1.2.40}$$

其中，c 为比热容；ρ 为密度。

根据热力学第一定律，在不做功的情况下，$Q_1=Q_2$，得

$$\int_{t_1}^{t_2}\iiint_V k\nabla^2 u\mathrm{d}V\mathrm{d}t=\iiint_V c\rho\int_{t_1}^{t_2}\frac{\partial u}{\partial t}\mathrm{d}t\mathrm{d}V=\int_{t_1}^{t_2}\iiint_V c\rho\frac{\partial u}{\partial t}\mathrm{d}V\mathrm{d}t \tag{1.2.41}$$

因为 t_1、t_2、V 都是任意选取的，所以有

$$k\nabla^2 u=c\rho\frac{\partial u}{\partial t} \tag{1.2.42}$$

或

$$\frac{\partial u}{\partial t}=a^2\nabla^2 u \tag{1.2.43}$$

其中，$a^2=k/c\rho$。式（1.2.43）为热传导方程。式（1.2.43）中采用拉普拉斯算子可以将不同坐标系、不同维度的热传导方程写成同一个形式。

随着时间的推移，若物体中的温度趋于某种平衡状态，则温度函数 u 与 t 无关，热传导方程变为拉普拉斯方程，即

$$\nabla^2 u=0 \tag{1.2.44}$$

若图 1.2.3 中的 Ω 内还有热源 F，则热传导方程变为

$$\frac{\partial u}{\partial t}=a^2\nabla^2 u+f \tag{1.2.45}$$

其中，$f=F/c\rho$。

1.2.5　静电位

在真空中有电荷分布，电荷密度为 ρ。这些电荷引起的静电场的电场强度为 $\boldsymbol{E}$，电位为 u。根据静电场的高斯定理，可知静电场的散度为电荷密度，即

$$\nabla \cdot \boldsymbol{E} = \frac{\rho}{\varepsilon_0} \tag{1.2.46}$$

另外，电场强度 $\boldsymbol{E}$ 为电位的负梯度，即

$$\boldsymbol{E} = -\nabla u \tag{1.2.47}$$

将式（1.2.47）代入式（1.2.46）得

$$\nabla \cdot \boldsymbol{E} = \nabla \cdot (-\nabla u) = -\nabla \cdot \nabla u = -\nabla^2 u = \frac{\rho}{\varepsilon_0} \tag{1.2.48}$$

或

$$\nabla^2 u = -\frac{\rho}{\varepsilon_0} \tag{1.2.49}$$

在无源的情况下，$\rho = 0$，可得

$$\nabla^2 u = 0 \tag{1.2.50}$$

式（1.2.49）为有源区静电位满足的泊松方程，式（1.2.50）为无源区静电位满足的拉普拉斯方程。泊松方程和拉普拉斯方程统称位势方程，可以看出，静电位满足的式（1.2.50）与稳定温度场满足的式（1.2.44）的形式完全相同。

1.3　定解问题的概念

1.3.1　偏微分方程的解

偏微分方程建立后，需要对它进行研究，找出未知函数，这就是求解偏微分方程。如果找出这样的未知函数，并把该函数代入偏微分方程，使该方程成为恒等式，则该函数称为该偏微分方程的解，也称为古典解。

例如，对偏微分方程

$$\frac{\partial^2 u}{\partial \xi \partial \eta} = 0 \tag{1.3.1}$$

进行两次积分，可得

$$u(\xi,\eta) = f(\xi) + g(\eta) \tag{1.3.2}$$

其中，函数 f 和 g 为任意函数。将式（1.3.2）代入式（1.3.1）可以使式（1.3.1）成为恒等式，因此，式（1.3.2）就是式（1.3.1）的解。

如果解中含有任意常数和函数，它们的个数与偏微分方程的阶数相同，并且相互独

立，则该解称为偏微分方程的通解。这里所说的相互独立是指它们不能通过合并而使任意常数或函数的个数减少。式（1.3.2）即式（1.3.1）的通解。

确定了通解中的任意常数和函数后的解称为特解。按照一定方法求出但未经过验证的解称为形式解。

在某些实际问题中，函数可能在个别坐标上不可导或导数不连续，不满足古典解的要求，但它在实际问题中也是有意义的，人们不得不放宽对解的概念的要求，承认它也是一种解，为区别于古典解，把这种解称为弱解。由于弱解具有实际价值，因此也常称之为物理解。

1.3.2　定解条件

仅靠一个偏微分方程只能解出偏微分方程的通解，这样的偏微分方程称为泛定方程。要得到特解，就需要约束条件，在数学上称之为定解条件。对于一个实际的物理问题，根据其物理意义，可以将定解条件分为边界条件和初始条件。

对于放置在 $0\sim l$ 之间的一根弦，以左端点 $x=0$ 为例，弦的振动问题有以下三类边界条件。

（1）固定端，即端点保持不动：

$$u\left(0,t\right)=0 \tag{1.3.3}$$

（2）自由端，即端点不受位移方向的外力，该端点处弦的切线和 x 轴平行：

$$\frac{\partial u\left(0,t\right)}{\partial x}=0 \tag{1.3.4}$$

（3）弹性支撑端，即端点固定在一弹性支撑上，弹性支撑的伸缩满足胡克定律：

$$T\frac{\partial u\left(0,t\right)}{\partial x}+ku\left(0,t\right)=0 \tag{1.3.5}$$

或

$$\frac{\partial u\left(0,t\right)}{\partial x}+\sigma u\left(0,t\right)=0 \tag{1.3.6}$$

其中，T 为弦的张力；k 为弹性支撑的刚度系数；$\sigma=k/T$ 。

对于边界为 Γ 的空间 Ω 内的热传导问题，也有三类边界条件。

（1）恒温端，即温度分布已知：

$$u\big|_{\Gamma}=f \tag{1.3.7}$$

（2）绝热端，即物体与周围介质绝热：

$$\left.\frac{\partial u}{\partial n}\right|_{\Gamma}=0 \tag{1.3.8}$$

（3）热交换端，即物体与周围介质有热交换：

$$\left.\left(\frac{\partial u}{\partial n}+hu\right)\right|_{\Gamma}=hu_1\big|_{\Gamma} \tag{1.3.9}$$

其中，$h=k/\sigma$，k为热导率，σ为两介质间的热交换系数；u_1为与物体接触处的介质温度。

对于边界为Γ的空间Ω内的静电位问题，同样有三类边界条件。

（1）导体边界，即边界上的电位为常数ϕ：

$$u\big|_{\Gamma}=\phi \tag{1.3.10}$$

（2）面电荷边界，即导体边界上面电荷密度ρ_s已知：

$$\left.\frac{\partial u}{\partial n}\right|_{\Gamma}=\frac{\rho_s}{\varepsilon} \tag{1.3.11}$$

（3）介质边界，即已知边界内、外的介电常数ε_1、ε_2和边界上面电荷密度ρ_s：

$$\left.\left(\frac{\partial u}{\partial n}+ku\right)\right|_{\Gamma}=\frac{\rho_s}{\varepsilon_1} \tag{1.3.12}$$

其中，k为与ε_2和空间Ω外部形状有关的常数。

以上三个问题的三类边界条件都是按其物理规律进行分类的。若按数学形式进行分类，则可以归结为以下三类边界条件。

（1）第一类边界条件，也称狄利克雷边界条件，即在边界上直接给出未知函数的值：

$$u\big|_{\Gamma}=f \tag{1.3.13}$$

（2）第二类边界条件，也称诺依曼边界条件，即在边界上给出未知函数沿边界的外法向导数的值：

$$\left.\frac{\partial u}{\partial n}\right|_{\Gamma}=f \tag{1.3.14}$$

（3）第三类边界条件，也称罗宾边界条件，即在边界上给出未知函数及其沿边界的外法向导数的线性组合的值：

$$\left.\left(\frac{\partial u}{\partial n}+ku\right)\right|_{\Gamma}=f \tag{1.3.15}$$

在式（1.3.13）～式（1.3.15）中，f是定义在边界Γ上的已知函数。当$f=0$时，这些边界条件是齐次的，否则是非齐次的。这里所说的次是指关于未知函数u的次，而不是关于自变量的次。当$f=0$时，式（1.3.13）～式（1.3.15）等号的左边是u的一次项，右边没有表达式，因此这些边界条件是齐次的。当$f\neq0$时，式（1.3.13）～式（1.3.15）

等号的右边是 u 的零次项，边界条件左、右的次不同，因此这些边界条件是非齐次的。

除了以上三类边界条件，还需要根据合理性对未知函数进行其他附加条件的约束。例如，对于一个鼓面的振动问题，从物理上讲，它只有一个边界，即鼓面的圆周。通常在鼓面的圆周上采用第一类边界条件；从数学上讲，这是二维极坐标问题。关于极径 ρ 有两个边界，一个是 $\rho = 0$，另一个是 $\rho = R$，其中 R 为鼓面的半径。关于极角 θ，若它定义在区间 $[0, 2\pi]$ 上，则此时也有两个边界，一个是 $\theta = 0$，另一个是 $\theta = 2\pi$；若它定义在区间 $(-\infty, +\infty)$ 上，则需要满足周期性。要从数学上求解这个问题，就需要在这四个边界上都对未知函数进行约束。根据合理性，圆心处的振幅是有限大的，因此，有一个自然边界条件：

$$\left|u(0, \theta, t)\right| < +\infty \tag{1.3.16}$$

根据周期性，有一个周期边界条件：

$$u(\rho, \theta, t) = u(\rho, \theta + 2\pi, t) \tag{1.3.17}$$

对于一个无限长的圆筒内的热传导问题，采用圆柱坐标系，无穷远 $z = \pm\infty$ 处的温度应该是有限大的，因此，有一个自然边界条件：

$$\left|u(\rho, \theta, \pm\infty, t)\right| < +\infty \tag{1.3.18}$$

根据周期性，有一个周期边界条件：

$$u(\rho, \theta, z, t) = u(\rho, \theta + 2\pi, z, t) \tag{1.3.19}$$

对于一个球域内的静电位问题，采用球坐标系，若球心处无源，则球心处的电位应该是有限大的，因此，有一个自然边界条件：

$$\left|u(0, \theta, \varphi)\right| < +\infty \tag{1.3.20}$$

在仰角 θ 的两个边界（$\theta = 0$，$\theta = \pi$）上，即 $\pm z$ 轴，若无源，则其电位也应该是有限大的，因此，有一个自然边界条件：

$$\left|u(r, 0, \varphi)\right| < +\infty \tag{1.3.21}$$

$$\left|u(r, \pi, \varphi)\right| < +\infty \tag{1.3.22}$$

根据周期性，有一个周期边界条件：

$$u(r, \theta, \varphi) = u(r, \theta, \varphi + 2\pi) \tag{1.3.23}$$

值得注意的是，数学中常用 θ 表示方位角，用 φ 表示仰角；而物理中常用 θ 表示仰角，用 φ 表示方位角。本书采用物理中的习惯用法。

对于随时间变化的物理过程，某一时刻的状态会影响此时刻之后的过程。在初始时刻，即 $t=0$ 时的状态是初始条件。在弦的振动问题中，有两个初始条件，分别是初始位

移和初始速度，即

$$u(x,0)=\varphi(x) \tag{1.3.24}$$

$$\frac{\partial u(x,0)}{\partial t}=\psi(x) \tag{1.3.25}$$

其中，φ 和 ψ 为已知函数。在热传导问题中，某时刻的温度会影响该时刻之后的温度分布。在初始时刻，即 t=0 时的温度分布是初始温度，即

$$u(x,y,z,0)=\varphi(x,y,z) \tag{1.3.26}$$

从数学上讲，我们需要定解条件来确定通解中的任意常数或函数以得到特解。对于波动方程、热传导方程和位势方程，它们都含有关于空间的二阶偏导数，因此，对于每个空间坐标，都需要两个边界条件。波动方程含有关于时间的二阶偏导数，因此需要两个初始条件。热传导方程含有关于时间的一阶偏导数，因此需要一个初始条件。位势方程和时间无关，因此不需要初始条件。

1.3.3 定解问题的描述

一个偏微分方程与定解条件一起构成对一个具体问题的完整描述，称为定解问题。按照定解条件的类型，定解问题分为初值问题、边值问题和混合问题。

初值问题也称柯西问题，只有初始条件而无边界条件。例如，描述无限长弦的振动过程的初值问题为

$$\begin{cases}\dfrac{\partial^2 u}{\partial t^2}=a^2\dfrac{\partial^2 u}{\partial x^2}, & -\infty<x<+\infty，\ t>0\\ u(x,0)=\varphi(x),\quad \dfrac{\partial u(x,0)}{\partial t}=\psi(x), & -\infty<x<+\infty\end{cases} \tag{1.3.27}$$

严格地讲，初值问题也是有边界条件的。它的边界条件是在无穷远处有界的自然边界条件。

边值问题只有边界条件而无初始条件。按照边界条件的类型，边值问题可分为第一类边值问题（狄利克雷问题），如

$$\begin{cases}\nabla^2 u(r,\theta,\varphi)=-F(r,\theta,\varphi), & 0<r<R,\ 0\leqslant\theta\leqslant\pi,\ 0\leqslant\varphi\leqslant 2\pi\\ u(R,\theta,\varphi)=f(\theta,\varphi), & 0\leqslant\theta\leqslant\pi,\ 0\leqslant\varphi\leqslant 2\pi\end{cases} \tag{1.3.28}$$

第二类边值问题（诺依曼问题），如

$$\begin{cases}\nabla^2 u(r,\varphi,z) = -F(r,\varphi,z), & 0<r<R,\ 0\leqslant\theta\leqslant 2\pi,\ 0<z<l\\ \dfrac{\partial u(R,\varphi,z)}{\partial r} = f(\varphi,z), & 0\leqslant\theta\leqslant 2\pi,\ 0<z<l\\ \dfrac{\partial u(r,\varphi,0)}{\partial z} = g(r,\varphi),\ \dfrac{\partial u(r,\varphi,l)}{\partial z} = h(r,\varphi), & 0<r<R,\ 0\leqslant\theta\leqslant 2\pi\end{cases} \tag{1.3.29}$$

第三类边值问题（罗宾问题），如

$$\begin{cases}\nabla^2 u(\rho,\theta) = -F(\rho,\theta), & 0<\rho<R,\ 0\leqslant\theta\leqslant 2\pi\\ \dfrac{\partial u(R,\theta)}{\partial \rho} + ku(R,\theta) = f(\theta), & 0\leqslant\theta\leqslant 2\pi\end{cases} \tag{1.3.30}$$

混合边值问题，如

$$\begin{cases}\nabla^2 u(x,y) = -F(x,y), & 0<x<a,\ 0<y<b\\ u(0,y) = f(y),\ u(a,y) = g(y), & 0<y<b\\ \dfrac{\partial u(x,0)}{\partial y} = \varphi(x),\ \dfrac{\partial u(x,b)}{\partial y} = \psi(x), & 0<x<a\end{cases} \tag{1.3.31}$$

混合问题也称初边值问题，既有初始条件又有边界条件，如

$$\begin{cases}\dfrac{\partial^2 u}{\partial t^2} = a^2\dfrac{\partial^2 u}{\partial x^2}, & 0<x<l,\ t>0\\ u(0,t)=0,\ u(l,t)=0, & t>0\\ u(x,0)=\varphi(x),\ \dfrac{\partial u(x,0)}{\partial t} = \psi(x), & 0\leqslant x\leqslant l\end{cases} \tag{1.3.32}$$

1.3.4　定解问题的适定性

如果一个定解问题的解存在，唯一且稳定，则该问题是适定的；否则，该问题是不适定的。如果一个定解问题是适定的，则说明该定解问题的提法是合理的，其泛定方程和定解条件正确反映了客观实际。

式（1.3.32）是一个一维有界域波动方程的初边值问题。若将该定解问题修改为

$$\begin{cases}\dfrac{\partial^2 u}{\partial t^2} = a^2\dfrac{\partial^2 u}{\partial x^2}, & 0<x<l,\ 0<t<T\\ u(0,t)=0,\ u(l,t)=0, & 0<t<T\\ u(x,0)=\varphi(x),\ u(x,T)=\psi(x), & 0\leqslant x\leqslant l\end{cases} \tag{1.3.33}$$

则其关于 t 的定解条件定义在 t=0 和 t=T 两点，即定义域的两个边界，关于 t 的定解条件也是边界条件。从数学上讲，该定解问题的定解条件的个数是合理的。但根据本书第 2

章的分离变量法可以得出，该定解问题的解可能不存在。因此，波动方程的边值问题是不适定的。

若将式（1.3.32）中的初始条件去掉一个，即

$$\begin{cases}\dfrac{\partial^2 u}{\partial t^2}=a^2\dfrac{\partial^2 u}{\partial x^2}, & 0<x<l,\ t>0\\ u(0,t)=0,\ u(l,t)=0, & t>0\\ u(x,0)=\varphi(x), & 0\leqslant x\leqslant l\end{cases} \tag{1.3.34}$$

则约束降低，该定解问题会有无穷多个解，其解不具有唯一性。因此，缺少定解条件的定解问题是不适定的。

对于一个半平面的位势问题，若将该定解问题写为

$$\begin{cases}\nabla^2 u(x,y)=-F(x,y), & x>0,\ -\infty<y<+\infty\\ u(0,y)=\varphi(y),\ \dfrac{\partial u(0,y)}{\partial x}=\psi(y), & -\infty<y<+\infty\end{cases} \tag{1.3.35}$$

则其关于 x 的两个定解条件定义在 $x=0$ 处，关于 x 的定解条件变成了初始条件。对该定解问题的定解条件增加一个扰动，定解条件变为

$$\frac{\partial u(0,y)}{\partial x}=\psi(y)+\frac{1}{n}\sin(ny) \tag{1.3.36}$$

若 $n\to+\infty$，则该扰动为一个微小扰动。根据本书第 4 章的积分变化法可以得出，定解条件在增加一个微小扰动后，其解的变化量可以达到无穷大，因此，该定解问题的解不稳定，即位势方程的初值问题是不适定的。位势方程只有边值问题。一个适定的半平面的位势问题可以写为

$$\begin{cases}\nabla^2 u(x,y)=-F(x,y), & x>0,\ -\infty<y<+\infty\\ u(0,y)=\varphi(y), & -\infty<y<+\infty\end{cases} \tag{1.3.37}$$

式（1.3.37）中隐含了在无穷远处的自然边界条件。

1.4　线性叠加原理

根据物理中所学的知识可知，作用在同一物体上的几个外力所产生的加速度等于这些单个外力单独作用所产生的加速度之和，空间中几个电荷在某点产生的电位等于这些电荷单独存在时在该点产生的电位之和。这些叠加效应称为线性叠加原理。

从数学上讲，对于定义域内的任意两个函数 u_1 和 u_2，若算子 L 满足

$$L(c_1u_1 + c_2u_2) = c_1Lu_1 + c_2Lu_2,\ \ \forall c_1, c_2 \tag{1.4.1}$$

则算子 L 是线性的。很容易证明，一次函数是线性的，二次函数是非线性的，三角函数是非线性的，一阶导数、二阶导数、一重积分、二重积分等都是线性的，导数的平方是非线性的。

对于含有 n 个自变量的二阶偏微分方程：

$$\sum_{j=1}^{n}\sum_{i=1}^{n} a_{ij}\frac{\partial^2 u}{\partial x_i \partial x_j} + \sum_{i=1}^{n} b_i \frac{\partial u}{\partial x_i} + cu = f \tag{1.4.2}$$

引入偏微分算子：

$$L = \sum_{j=1}^{n}\sum_{i=1}^{n} a_{ij}\frac{\partial^2}{\partial x_i \partial x_j} + \sum_{i=1}^{n} b_i \frac{\partial}{\partial x_i} + c \tag{1.4.3}$$

可以将式（1.4.2）简单表示为

$$Lu(\boldsymbol{x}) = f,\ \ \boldsymbol{x} = [x_1, x_2, \cdots, x_n]^{\mathrm{T}} \tag{1.4.4}$$

若 a_{ij}、b_i、c 都和 u 无关，则 L 是线性算子。若 f 也和 u 无关，则式（1.4.2）和式（1.4.3）是线性偏微分方程。进一步，若 $f=0$，则它们是齐次偏微分方程；若 $f \neq 0$，则它们是非齐次偏微分方程。齐次偏微分方程和非齐次偏微分方程都是线性方程。齐次方程特指方程的每项都是未知函数的一次项。若方程的每项的次数都相同，但不是一次，则该方程仍然不是齐次方程。

线性叠加原理的数学描述：若 L 为一线性算子，则有以下原理成立。

（1）有限叠加原理。

若 $u_i(\boldsymbol{x})$ 满足 $Lu_i(\boldsymbol{x}) = f_i(\boldsymbol{x})$，$i = 1, 2, \cdots, m$，则 $Lu(\boldsymbol{x}) = f(\boldsymbol{x})$，其中，$u(\boldsymbol{x}) = \sum_{i=1}^{m} c_i u_i(\boldsymbol{x})$，$f(\boldsymbol{x}) = \sum_{i=1}^{m} c_i f_i(\boldsymbol{x})$，$c_i$ 为任意数。

（2）无限叠加原理。

若 $u_i(\boldsymbol{x})$ 满足 $Lu_i(\boldsymbol{x}) = f_i(\boldsymbol{x})$，$i = 1, 2, \cdots$，则 $Lu(\boldsymbol{x}) = f(\boldsymbol{x})$，其中，$u(\boldsymbol{x}) = \sum_{i=1}^{\infty} c_i u_i(\boldsymbol{x})$，$f(\boldsymbol{x}) = \sum_{i=1}^{\infty} c_i f_i(\boldsymbol{x})$，$c_i$ 为任意数。

（3）积分叠加原理。

若 $u(\boldsymbol{x};\xi)$ 满足 $Lu(\boldsymbol{x};\xi) = f(\boldsymbol{x};\xi)$，$\xi$ 为一参数或一参向量，则 $LU(\boldsymbol{x}) = F(\boldsymbol{x})$，其中，$U(\boldsymbol{x}) = \int c(\xi) u(\boldsymbol{x};\xi)\mathrm{d}\xi$，$F(\boldsymbol{x}) = \int c(\xi) f(\boldsymbol{x};\xi)\mathrm{d}\xi$，$c(\xi)$ 为任意函数。

线性叠加原理具有相当的普适性，在复杂问题的简化和求解过程中扮演着重要角色，在本书后续章节将会多次用到。

小结

1. 三类典型的数学物理方程

波动方程：$\dfrac{\partial^2 u}{\partial t^2}=a^2\nabla^2 u$。

热传导方程：$\dfrac{\partial u}{\partial t}=a^2\nabla^2 u$。

位势方程：$\nabla^2 u=0$。

2. 定解条件

确定微分方程通解中的任意常数或函数的条件称为定解条件。根据物理意义，可以将定解条件分为边界条件和初始条件。定解条件的个数应该与微分方程中微分的阶数相同。

3. 定解问题

一个偏微分方程与定解条件一起构成对一个具体问题的完整描述，称为定解问题。按照定解条件的类型，定解问题分为初值问题、边值问题和混合问题。

4. 线性叠加原理

方程可分为线性方程和非线性方程，线性方程可分为齐次方程和非齐次方程。线性方程满足线性叠加原理。线性叠加原理在复杂问题的简化和求解过程中扮演着重要角色。

习题 1

1. 以下方程哪些是线性的？哪些是非线性的？哪些是齐次的？哪些是非齐次的？

（1）$\dfrac{\partial^2 u}{\partial t^2}=\nabla^2 u$。

（2）$\nabla^2 u=0$。

（3）$\dfrac{\partial u}{\partial t}=a^2\dfrac{\partial^2 u}{\partial x^2}+xu$。

（4）$\dfrac{1}{\rho}\dfrac{\partial}{\partial\rho}\left(\rho\dfrac{\partial u}{\partial\rho}\right)+\dfrac{1}{\rho^2}\dfrac{\partial^2 u}{\partial\theta^2}=0$。

（5）$\dfrac{\partial^2 u}{\partial t^2}=a^2\dfrac{\partial^2 u}{\partial x^2}-2\beta\dfrac{\partial u}{\partial t}+f$。

（6）$\frac{1}{r^2}\frac{\partial}{\partial r}\left(r^2\frac{\partial u}{\partial r}\right)+\frac{1}{r^2\sin\theta}\frac{\partial}{\partial\theta}\left(\sin\theta\frac{\partial u}{\partial\theta}\right)=-\delta(r)$。

（7）$y\frac{\partial^2 u}{\partial x^2}+\frac{\partial^2 u}{\partial y^2}=0$。

（8）$\nabla^2 u=-\frac{\rho}{\varepsilon}$。

（9）$\left[1+\left(\frac{\partial u}{\partial y}\right)^2\right]\frac{\partial^2 u}{\partial x^2}-2\frac{\partial u}{\partial x}\frac{\partial u}{\partial y}\frac{\partial^2 u}{\partial x\partial y}+\left[1+\left(\frac{\partial u}{\partial x}\right)^2\right]\frac{\partial^2 u}{\partial y^2}=0$。

（10）$\frac{\partial^2 u}{\partial x\partial t}=\sin u$。

（11）$\frac{\partial u}{\partial t}+u\frac{\partial u}{\partial x}=0$。

（12）$\frac{\partial u}{\partial t}+\sigma u\frac{\partial u}{\partial x}+\frac{\partial^3 u}{\partial x^3}=0$。

2．证明三维拉普拉斯方程在球坐标系下的形式为

$$\nabla^2 u=\frac{1}{r^2}\frac{\partial}{\partial r}\left(r^2\frac{\partial u}{\partial r}\right)+\frac{1}{r^2\sin\theta}\frac{\partial}{\partial\theta}\left(\sin\theta\frac{\partial u}{\partial\theta}\right)+\frac{1}{r^2\sin^2\theta}\frac{\partial^2 u}{\partial\varphi^2}=0$$

3．证明弹性支撑端的边界条件为式（1.3.5）。

4．有一均匀细杆，只要杆中任一小段有纵向位移和速度，必导致相邻段的压缩和伸长，这种压缩和伸长传开，就有纵波沿着杆传播。杆的杨氏模量 E 是杆的应力 P 与应变 $\frac{\partial u}{\partial x}$ 之间的比例因子，即 $P=E\frac{\partial u}{\partial x}$，杆的线密度为 ρ。试推导杆的纵向振动方程。

5．长为 l 的均匀细弦，在 $x=0$ 和 $x=l$ 两端固定，在 $x=x_0$ 处施加横向力使弦偏离平衡位置，位移为 u_0，达到稳定后放手任其自由振动。试写出该弦振动问题的定解条件。

6．长为 l 的弹簧放置在光滑水平面上，$x=0$ 端固定，将 $x=l$ 端拉长 u_0，达到稳定后放手任其自由振动。弹簧的刚度系数为 k。试写出该弹簧振动问题的定解条件。

7．长为 l 的均匀细杆，侧面绝缘。杆的热导率为 k，比热容为 c，线密度为 ρ。试推导该杆的热传导方程。

8．设函数 $u_1(x,t)$、$u_2(x,t)$ 和 $u_3(x,t)$ 分别是以下定解问题的解：

$$\begin{cases}\frac{\partial^2 u}{\partial t^2}=a^2\frac{\partial^2 u}{\partial x^2}+f(x,t), & 0<x<l,\ t>0\\ u(0,t)=0,\ u(l,t)=0, & t>0\\ u(x,0)=0,\ \frac{\partial u(x,0)}{\partial t}=0, & 0\leqslant x\leqslant l\end{cases}$$

$$\begin{cases}\dfrac{\partial^2 u}{\partial t^2}=a^2\dfrac{\partial^2 u}{\partial x^2}, & 0<x<l,\ t>0\\ u(0,t)=\xi(t),\ u(l,t)=\eta(t), & t>0\\ u(x,0)=0,\ \dfrac{\partial u(x,0)}{\partial t}=0, & 0\leqslant x\leqslant l\end{cases}$$

$$\begin{cases}\dfrac{\partial^2 u}{\partial t^2}=a^2\dfrac{\partial^2 u}{\partial x^2}, & 0<x<l,\ t>0\\ u(0,t)=0,\ u(l,t)=0, & t>0\\ u(x,0)=\varphi(x),\ \dfrac{\partial u(x,0)}{\partial t}=\psi(x), & 0\leqslant x\leqslant l\end{cases}$$

试证明$u(x,t)=u_1(x,t)+u_2(x,t)+u_3(x,t)$是以下定解问题的解：

$$\begin{cases}\dfrac{\partial^2 u}{\partial t^2}=a^2\dfrac{\partial^2 u}{\partial x^2}+f(x,t), & 0<x<l,\ t>0\\ u(0,t)=\xi(t),\ u(l,t)=\eta(t), & t>0\\ u(x,0)=\varphi(x),\ \dfrac{\partial u(x,0)}{\partial t}=\psi(x), & 0\leqslant x\leqslant l\end{cases}$$

让·巴普蒂斯·约瑟夫·傅里叶（Baron Jean Baptiste Joseph Fourier，1768-3-21—1830-5-16），法国著名数学家、物理学家。傅里叶提出了三角级数理论，即傅里叶级数，并应用三角级数求解热传导方程。为了处理无穷区域的热传导问题，他推导出了傅里叶积分，这些都极大地推动了偏微分方程的研究。

第2章　分离变量法

分离变量法是求解规则有界区域内偏微分方程定解问题的经典方法。它的基本思想是将定解问题的解表示成单变量函数之积的形式，进而将偏微分方程化成多个常微分方程来求解。由分离变量法得到的解具有明确的物理意义，非常有利于分析物理规律。通过本章的学习，希望读者能够了解分离变量法的数学理论基础，熟练使用分离变量法求解规则有界区域内偏微分方程定解问题。

2.1　傅里叶级数

若周期为$2l$的周期函数$f(x)$满足收敛定理的条件，则它的傅里叶级数展开式为

$$f(x)=\frac{a_0}{2}+\sum_{n=1}^{\infty}\left(a_n\cos\frac{n\pi x}{l}+b_n\sin\frac{n\pi x}{l}\right) \tag{2.1.1}$$

其中

$$\begin{aligned}a_n&=\frac{1}{l}\int_0^{2l}f(x)\cos\frac{n\pi x}{l}\mathrm{d}x\\ b_n&=\frac{1}{l}\int_0^{2l}f(x)\sin\frac{n\pi x}{l}\mathrm{d}x\end{aligned} \tag{2.1.2}$$

当$f(x)$为奇函数时，有

$$f(x)=\sum_{n=1}^{\infty}b_n\sin\frac{n\pi x}{l} \tag{2.1.3}$$

其中

$$b_n=\frac{2}{l}\int_0^{l}f(x)\sin\frac{n\pi x}{l}\mathrm{d}x \tag{2.1.4}$$

当$f(x)$为偶函数时，有

$$f(x)=\frac{a_0}{2}+\sum_{n=1}^{\infty}a_n\cos\frac{n\pi x}{l} \tag{2.1.5}$$

其中

$$a_n=\frac{2}{l}\int_0^l f(x)\cos\frac{n\pi x}{l}\mathrm{d}x \tag{2.1.6}$$

式（2.1.2）是按照三角函数的正交性得出的。例如，先用 $\sin\frac{m\pi x}{l}$ 乘以式（2.1.1）两边，再从 0 到 $2l$ 关于 x 积分，得

$$\int_0^{2l} f(x)\sin\frac{m\pi x}{l}\mathrm{d}x=\int_0^{2l}\left[\frac{a_0}{2}+\sum_{n=1}^{\infty}\left(a_n\cos\frac{n\pi x}{l}+b_n\sin\frac{n\pi x}{l}\right)\right]\sin\frac{m\pi x}{l}\mathrm{d}x \tag{2.1.7}$$

由于

$$\begin{aligned}&\int_0^{2l}\sin\frac{m\pi x}{l}\mathrm{d}x=0\\&\int_0^{2l}\cos\frac{n\pi x}{l}\sin\frac{m\pi x}{l}\mathrm{d}x=0\\&\int_0^{2l}\sin\frac{n\pi x}{l}\sin\frac{m\pi x}{l}\mathrm{d}x=0,\ m\neq n\\&\int_0^{2l}\sin^2\frac{m\pi x}{l}\mathrm{d}x=l,\ m\neq 0\end{aligned} \tag{2.1.8}$$

因此式（2.1.7）变为

$$\int_0^{2l} f(x)\sin\frac{m\pi x}{l}\mathrm{d}x=b_m l \tag{2.1.9}$$

于是

$$b_m=\frac{1}{l}\int_0^{2l} f(x)\sin\frac{m\pi x}{l}\mathrm{d}x \tag{2.1.10}$$

或

$$b_n=\frac{1}{l}\int_0^{2l} f(x)\sin\frac{n\pi x}{l}\mathrm{d}x \tag{2.1.11}$$

将周期函数进行傅里叶级数展开的物理意义是很明确的。傅里叶级数展开在物理上称为谐波分析。例如，对于周期为 1 的周期函数 $f(x)$，若它在区间 $[0,1)$ 上的表达式为

$$f(x)=\begin{cases}1, & 0\leqslant x<0.5\\-1, & 0.5\leqslant x<1\end{cases} \tag{2.1.12}$$

则其傅里叶级数展开式为

$$f(x)=\sum_{n=1}^{\infty}\frac{4}{(2n-1)\pi}\sin 2(2n-1)\pi x=\frac{4}{\pi}\sin 2\pi x+\frac{4}{3\pi}\sin 6\pi x+\frac{4}{5\pi}\sin 10\pi x+\cdots \tag{2.1.13}$$

其中，$\frac{4}{\pi}\sin 2\pi x$ 为基波；$\frac{4}{3\pi}\sin 6\pi x$ 为三次谐波；$\frac{4}{5\pi}\sin 10\pi x$ 为五次谐波。一般来说，谐

波的次数越高，其幅度越小。式（2.1.13）表示占空比为50%的低电平为负的理想方波可由同频率的正弦波和奇次谐波叠加而成。叠加的谐波越多，越接近理想方波。叠加至不同次谐波的方波级数曲线如图2.1.1所示。

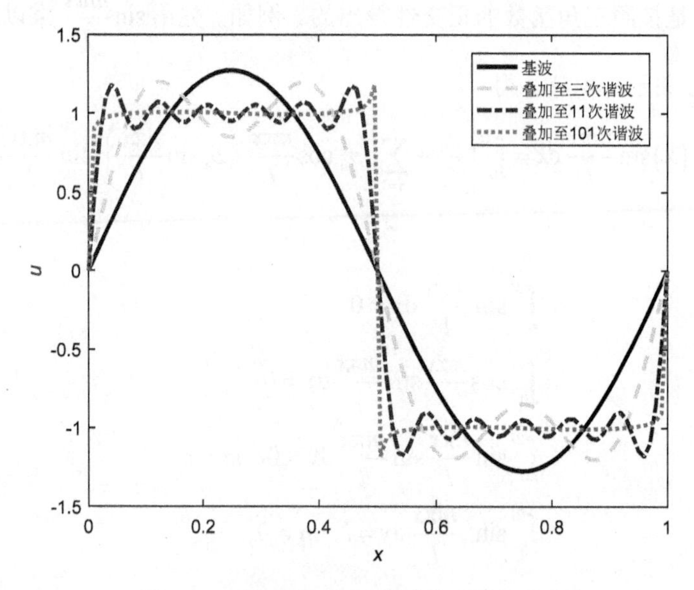

图2.1.1　叠加至不同次谐波的方波级数曲线

类似三角函数，设$\rho(x)>0$，若函数系$\{X_n\}$在区间$[a,b]$上满足

$$\int_a^b X_m(x)X_n(x)\rho(x)\mathrm{d}x\begin{cases}=0, & m\neq n\\ \neq 0, & m=n\end{cases} \tag{2.1.14}$$

则称函数系$\{X_n\}$在区间$[a,b]$上关于权函数$\rho(x)$正交。若函数$f(x)$是区间$[a,b]$上的给定函数，且$f(x)$可以表示成一致收敛的级数形式，即

$$f(x)=\sum_{n=0}^{\infty}C_nX_n(x) \tag{2.1.15}$$

则

$$C_n=\frac{\int_a^b f(x)X_n(x)\rho(x)\mathrm{d}x}{\int_a^b X_n^2(x)\rho(x)\mathrm{d}x} \tag{2.1.16}$$

按照式（2.1.16）确定系数的级数式（2.1.15）称为$f(x)$按关于权函数$\rho(x)$正交的函数系$\{X_n\}$展开的广义傅里叶级数。

函数$f(x)$只有一个自变量，其傅里叶系数C_n是一组常数。对于有两个自变量的函数$f(x,y)$，其关于函数系$\{X_n\}$展开的傅里叶级数为

$$f(x,y)=\sum_{n=0}^{\infty}Y_n(y)X_n(x) \tag{2.1.17}$$

其中，傅里叶系数 $Y_n(y)$ 是关于 y 的函数。

对于有三个自变量的函数 $f(x,y,z)$，其关于函数系 $\{X_n\}$ 展开的傅里叶级数为

$$f(x,y,z)=\sum_{n=0}^{\infty}C_n(y,z)X_n(x) \tag{2.1.18}$$

进一步，将 $C_n(y,z)$ 按照正交函数系 $\{Y_m\}$ 展开成傅里叶级数，即

$$C_n(y,z)=\sum_{m=0}^{\infty}Z_{mn}(z)Y_m(y) \tag{2.1.19}$$

将式（2.1.19）代入式（2.1.18），得

$$f(x,y,z)=\sum_{n=0}^{\infty}\sum_{m=0}^{\infty}Z_{mn}(z)Y_m(y)X_n(x) \tag{2.1.20}$$

在式（2.1.20）中，$\{X_n\}$ 和 $\{Y_m\}$ 均为正交函数系；$Z_{mn}(z)$ 为二维傅里叶系数，是关于 z 的函数。对于有更多自变量的函数，它们有类似式（2.1.20）的多维傅里叶级数的形式。

由式（2.1.17）和式（2.1.20）可以得出，多自变量函数可以表示为单自变量函数乘积的傅里叶级数形式。这是本章分离变量法的数学理论基础。

2.2　弦的自由振动

在演奏弹拨乐器时，弦上各质点的横向位移 $u(x,t)$ 满足波动方程的混合问题，即

$$\begin{cases}\dfrac{\partial^2 u}{\partial t^2}=a^2\dfrac{\partial^2 u}{\partial x^2}, & 0<x<l,\ t>0 \quad (2.2.1\text{a})\\ u(0,t)=0,\ u(l,t)=0, & t>0 \quad (2.2.1\text{b})\\ u(x,0)=\varphi(x),\ \dfrac{\partial u(x,0)}{\partial t}=\psi(x), & 0\leqslant x\leqslant l \quad (2.2.1\text{c})\end{cases}$$

其中，l 为弦的长度；$a^2=T/\rho$，T 和 ρ 分别为弦的张力与线密度；$\varphi(x)$ 和 $\psi(x)$ 分别为弹拨之后弦的初始位移与初始速度；$u(0,t)=0$ 和 $u(l,t)=0$ 表示弦的两端一直固定。

由式（2.1.17）可知，具有两个自变量的函数 $u(x,t)$ 可以表示成傅里叶级数的形式，傅里叶级数的每项是两个单自变量函数的乘积。根据齐次方程的叠加性，若傅里叶级数的每项都满足泛定方程，即式（2.2.1a），则傅里叶级数之和也满足泛定方程。因此，首先求解傅里叶级数中的一项，设该项为

$$u(x,t)=X(x)T(t) \tag{2.2.2}$$

将式（2.2.2）代入泛定方程中，得

$$XT''=a^2X''T \tag{2.2.3}$$

或

$$\frac{X''}{X}=\frac{1}{a^2}\frac{T''}{T} \tag{2.2.4}$$

式（2.2.4）左边只与x有关，右边只与t有关，若两边恒相等，则只能都为常数。记该常数为$-\lambda$，则有

$$\frac{X''}{X}=\frac{1}{a^2}\frac{T''}{T}=-\lambda \tag{2.2.5}$$

也可以将该常数记为λ，但习惯上常记为$-\lambda$。由式（2.2.5）可以得到两个常微分方程，即

$$X''+\lambda X=0 \tag{2.2.6}$$

$$T''+\lambda a^2 T=0 \tag{2.2.7}$$

目前，已经将具有两个自变量的偏微分方程变成了两个各具有一个自变量的常微分方程。下面分别求解这两个常微分方程。为了求解关于x的常微分方程，即式（2.2.6），还需要其定解条件。将式（2.2.2）代入边界条件式（2.2.1b）中，得

$$u(0,t)=X(0)T(t)=0 \tag{2.2.8a}$$

$$u(l,t)=X(l)T(t)=0 \tag{2.2.8b}$$

由于t是任意的，显然$T(t)\neq 0$，因此必有

$$X(0)=X(l)=0 \tag{2.2.9}$$

式（2.2.6）和式（2.2.9）组成了定解问题式（2.2.1）的特征值问题，即

$$\begin{cases} X''+\lambda X=0, & 0<x<l \quad (2.2.10a) \\ X(0)=0,\ X(l)=0 & \quad (2.2.10b) \end{cases}$$

之所以将式（2.2.10）称为特征值问题，是因为该问题的解决定了定解问题式（2.2.1）解的特征。使特征值问题式（2.2.10）具有非零解的λ称为特征值，相应的非零解$X(x)$称为它的特征函数。下面对λ分三种情况来讨论特征值问题式（2.2.10）的解。

当$\lambda<0$时，令$\lambda=-\beta^2$，式（2.2.10a）变为

$$X''-\beta^2 X=0 \tag{2.2.11}$$

其通解为

$$X(x)=A\mathrm{e}^{\beta x}+B\mathrm{e}^{-\beta x} \tag{2.2.12}$$

根据边界条件式（2.2.10b），得

$$\begin{aligned} X(0)&=A+B=0 \\ X(l)&=A\mathrm{e}^{\beta l}+B\mathrm{e}^{-\beta l}=0 \end{aligned} \tag{2.2.13}$$

解得

$$A = B = 0 \tag{2.2.14}$$

即

$$X(x) = 0 \tag{2.2.15}$$

因此，当 $\lambda < 0$ 时，特征值问题式（2.2.10）无非零解。

当 $\lambda = 0$ 时，式（2.2.10a）变为

$$X'' = 0 \tag{2.2.16}$$

其通解为

$$X(x) = A + Bx \tag{2.2.17}$$

根据边界条件式（2.2.10b），得

$$\begin{aligned} X(0) &= A = 0 \\ X(l) &= A + Bl = 0 \end{aligned} \tag{2.2.18}$$

解得

$$A = B = 0 \tag{2.2.19}$$

即

$$X(x) = 0 \tag{2.2.20}$$

因此，当 $\lambda = 0$ 时，特征值问题式（2.2.10）也无非零解。

当 $\lambda > 0$ 时，令 $\lambda = \beta^2$，式（2.2.10a）变为

$$X'' + \beta^2 X = 0 \tag{2.2.21}$$

其通解为

$$X(x) = A\cos\beta x + B\sin\beta x \tag{2.2.22}$$

根据边界条件式（2.2.10b），得

$$\begin{aligned} X(0) &= A = 0 \\ X(l) &= B\sin\beta l = 0 \end{aligned} \tag{2.2.23}$$

若 $B = 0$，则特征值问题式（2.2.10）将无非零解。因此，$B \neq 0$，于是有

$$\sin\beta l = 0 \tag{2.2.24}$$

即

$$\beta = \frac{n\pi}{l},\ n = 1, 2, 3, \cdots \tag{2.2.25}$$

式（2.2.25）表示有一系列的 β 可以使特征值问题式（2.2.10）有非零解。将这些 β

记为

$$\beta_n = \frac{n\pi}{l}, \quad n = 1,2,3,\cdots \tag{2.2.26}$$

特征值问题式（2.2.10）的特征值为

$$\lambda_n = \beta_n^2 = \frac{n^2\pi^2}{l^2}, \quad n = 1,2,3,\cdots \tag{2.2.27}$$

特征函数为

$$X_n(x) = B_n \sin\frac{n\pi}{l}x, \quad n = 1,2,3,\cdots \tag{2.2.28}$$

在确定了特征值后，求解$T(t)$。将式（2.2.27）代入式（2.2.7），得

$$T_n'' + \frac{n^2\pi^2 a^2}{l^2}T_n = 0 \tag{2.2.29}$$

其通解为

$$T_n = C_n' \cos\frac{n\pi a}{l}t + D_n' \sin\frac{n\pi a}{l}t \tag{2.2.30}$$

由式（2.2.2）、式（2.2.28）和式（2.2.30）可知，泛定方程式（2.2.1a）的一个解为

$$\begin{aligned} u_n = X_n T_n &= B_n \sin\frac{n\pi}{l}x\left(C_n' \cos\frac{n\pi a}{l}t + D_n' \sin\frac{n\pi a}{l}t\right) \\ &= \left(C_n \cos\frac{n\pi a}{l}t + D_n \sin\frac{n\pi a}{l}t\right)\sin\frac{n\pi}{l}x \end{aligned} \tag{2.2.31}$$

对于不同的正整数n，式（2.2.31）为不同的解。因此，式（2.2.31）并不是一个解，而是一系列的解，它们都是泛定方程式（2.2.1a）的解。由齐次方程的叠加性可知，它们的线性组合也是泛定方程式（2.2.1a）的解。因此，泛定方程式（2.2.1a）的通解可以写为

$$u = \sum_{n=1}^{\infty} u_n = \sum_{n=1}^{\infty}\left(C_n \cos\frac{n\pi a}{l}t + D_n \sin\frac{n\pi a}{l}t\right)\sin\frac{n\pi}{l}x \tag{2.2.32}$$

还可以写为

$$u = \sum_{n=1}^{\infty} E_n \sin\frac{n\pi}{l}x \cos\left(\frac{n\pi a}{l}t + \theta_n\right) \tag{2.2.33}$$

其中，$E_n = \sqrt{C_n^2 + D_n^2}$；$\cos\theta_n = \frac{C_n}{E_n}$；$\sin\theta_n = -\frac{D_n}{E_n}$。

通解式（2.2.32）中含有两组任意常数C_n和D_n。这两组任意常数可以通过两个初始条件式（2.2.1c）来确定。将式（2.2.32）代入式（2.2.1c），得

$$u(x,0)=\sum_{n=1}^{\infty}C_n\sin\frac{n\pi}{l}x=\varphi(x) \tag{2.2.34}$$

$$\frac{\partial u(x,0)}{\partial t}=\sum_{n=1}^{\infty}D_n\frac{n\pi a}{l}\sin\frac{n\pi}{l}x=\psi(x) \tag{2.2.35}$$

式（2.2.32）相当于将初始位移 $\varphi(x)$ 展开成傅里叶级数，C_n 是该傅里叶级数各项的系数。根据 2.1 节中傅里叶级数的求解方法，可得

$$C_n=\frac{2}{l}\int_0^l\varphi(x)\sin\frac{n\pi}{l}x\mathrm{d}x \tag{2.2.36}$$

同理可得

$$D_n=\frac{2}{n\pi a}\int_0^l\psi(x)\sin\frac{n\pi}{l}x\mathrm{d}x \tag{2.2.37}$$

将由式（2.2.36）和式（2.2.37）确定的 C_n 与 D_n 代入式（2.2.32），即得定解问题式（2.2.1）的解，这个解目前只是形式解。将得到的形式解代入定解问题式（2.2.1）进行验证，当满足式（2.2.1）时，对应的解即古典解。

回顾一下求解过程：首先对未知函数 u 进行分离变量，将偏微分方程化为两个常微分方程；然后求解特征值问题，根据边界条件，解出特征值和特征函数；之后根据特征值和 T 满足的常微分方程求解 $T(t)$；再写出定解问题的通解；最后根据初始条件确定通解中的常数，并得到特解。求解过程中最关键的一步是分离变量，因此把这种方法称为分离变量法。

虽然式（2.2.32）和式（2.2.33）的形式看起来有些复杂，但这正是我们最想要的形式。即使有其他看起来比较简单的形式，我们仍觉得式（2.2.32）和式（2.2.33）是最好的，因为这个形式有明确的物理意义，有助于理解物理规律。

乐音的三要素为音调、音量和音色，从式（2.2.33）中可以看出弦的乐音的三要素。在式（2.2.33）中，与 t 相关的是 $\cos\left(\frac{n\pi a}{l}t+\theta_n\right)$。这说明弦上的任何一点都在平衡位置附近做简谐振动，振动的频率为

$$f_n=\frac{na}{2l} \tag{2.2.38}$$

可以看出，弦振动的频率为一系列呈倍数关系的离散频率。弦所能发出的最低音对应的频率 $f_1=\frac{a}{2l}$ 为弦的基音，其他频率为谐波，或者称为泛音。一根弦的乐音是由基音和泛音形成的离散谱。其中，基音的频率是音调。弦绷得越紧，T 越大；弦越细，ρ 越小，这两者都会使 a 越大，音调越高。弦的长度 l 越短，音调越高。一个很明显的实例是小提琴、中提琴、大提琴和低音提琴，提琴的尺寸越大，音调越低。图 2.2.1 展示了小

提琴和低音提琴的尺寸差异。

图 2.2.1　小提琴和低音提琴

在式（2.2.33）中，与 x 相关的是 $\sin\frac{n\pi}{l}x$。若不计常数 E_n，则点 x 处的简谐振动的幅度为 $\left|\sin\frac{n\pi}{l}x\right|$。图 2.2.2 所示为不同的 n 弦上各点的振动范围，可以看出，对于不同的 n，弦的形状都是一条正弦曲线，且在点 $x=0,\frac{l}{n},\frac{2l}{n},\cdots,\frac{(n-1)l}{n},l$ 处弦保持不动。保持不动的点为节点，两个节点中间的点为腹点，腹点处的振幅最大。节点和腹点的位置始终是不变的，这种波称为驻波。式（2.2.32）和式（2.2.33）可以认为是由一系列驻波叠加而成的，因此，分离变量法也称驻波法。分离变量法是数学上的名称，驻波法是物理上的名称。驻波法和第 3 章所讲述的行波法相对应。

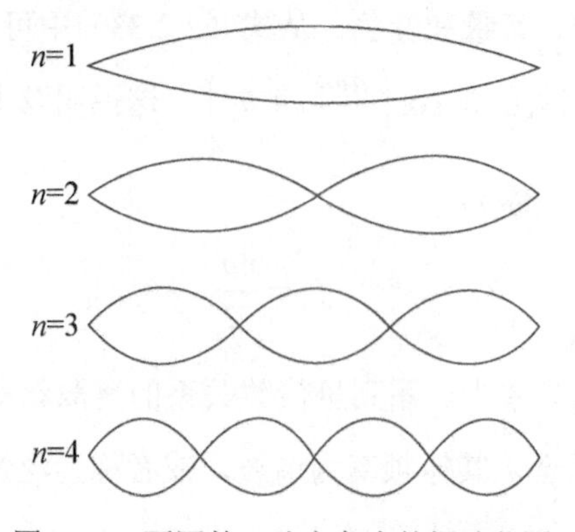

图 2.2.2　不同的 n 弦上各点的振动范围

从图 2.2.2 中可以看出，相邻两个节点的距离为半个波长。因此，振动的波长为

$$\lambda_n=\frac{2}{n}l \tag{2.2.39}$$

其中，λ_n 表示波长，与式（2.2.27）中表示特征值的 λ_n 不同。波长和频率的乘积为波速，即

$$v = f_n \lambda_n = \frac{na}{2l} \cdot \frac{2l}{n} = a = \sqrt{\frac{T}{\rho}} \tag{2.2.40}$$

可以看出，波速和频率是无关的，只与媒质的特性 T 和 ρ 有关。这样，波动方程式（2.2.1a）中的 a 也有了明确的物理意义，即波速。1865 年，英国理论物理学家麦克斯韦发现电场和磁场都满足波动方程，他断言这个世界上一定存在电磁波，并且通过波动方程中的参数 a 计算出了电磁波的传播速度。在第二次世界大战中，德国空军通过收听英国大本钟的报时广播，分析声音在空气中传播的特性，推测出了伦敦的天气。

式（2.2.33）中的 E_n 表示基音和泛音的幅度，即音量。采用不同乐器弹奏的乐音，其音调可以是一样的，音量也可以是一样的，但人们仍然可以分辨出不同乐器的声音，它们的差别在于音色不同。音色也称音品，是指乐音的品质。从数学上讲，音色是指泛音的分布，即各 E_n 相对 E_1 的大小。在如图 2.2.3 所示的两种乐音的波形中，它们的音量和音调都是相同的，而由于泛音的分布不同，它们的音色不同。

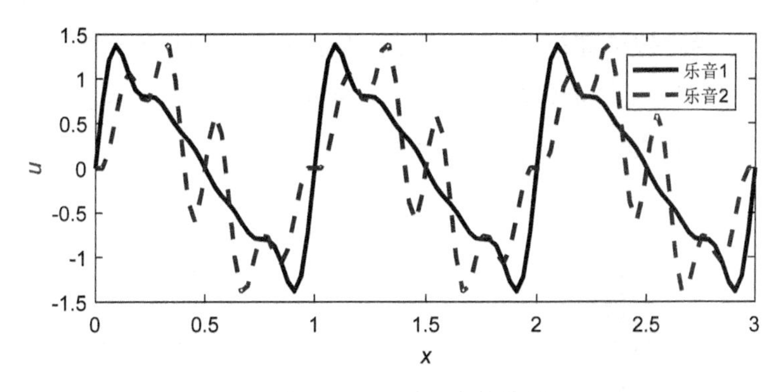

图 2.2.3　两种乐音的波形

不仅不同的乐器有不同的音色，同一根弦在不同位置被弹拨时，也会有不同的音色。设一根长度为 l 的弦在 x=c 处被弹拨，弹拨位移为 h，则弦振动满足的定解问题为

$$\begin{cases} \dfrac{\partial^2 u}{\partial t^2} = a^2 \dfrac{\partial^2 u}{\partial x^2}, & 0 < x < l,\ t > 0 \\ u(0,t) = 0,\ u(l,t) = 0, & t > 0 \\ \dfrac{\partial u(x,0)}{\partial t} = 0, & 0 \leqslant x \leqslant l \\ u(x,0) = \begin{cases} \dfrac{h}{c} x, & 0 \leqslant x \leqslant c \\ \dfrac{h}{l-c}(l-x), & c < x \leqslant l \end{cases} \end{cases} \tag{2.2.41}$$

式（2.2.41）和式（2.2.1）的泛定方程与边界条件是一样的，因此，它们具有同样的特征值、特征函数，它们的通解均为式（2.2.32）。按照式（2.2.36）和式（2.2.37）分别计算常数 C_n 与 D_n：

$$\begin{aligned}C_n &= \frac{2}{l}\int_0^l u(x,0)\sin\frac{n\pi}{l}x\mathrm{d}x \\ &= \frac{2}{l}\int_0^c \frac{h}{c}x\sin\frac{n\pi}{l}x\mathrm{d}x + \frac{2}{l}\int_c^l \frac{h}{l-c}(l-x)\sin\frac{n\pi}{l}x\mathrm{d}x \\ &= \frac{2hl^2}{c(l-c)n^2\pi^2}\sin\frac{n\pi}{l}c\end{aligned} \tag{2.2.42}$$

$$D_n = 0 \tag{2.2.43}$$

因此，定解问题式（2.2.41）的解为

$$u = \frac{2hl^2}{c(l-c)\pi^2}\sum_{n=1}^{\infty}\frac{1}{n^2}\sin\frac{n\pi}{l}c\cos\frac{n\pi a}{l}t\sin\frac{n\pi}{l}x \tag{2.2.44}$$

式（2.2.42）为基音和泛音的振幅。从如图 2.2.4 所示的弦的不同位置被弹拨时的泛音幅度可以看出，当弹拨位置 c 不同时，泛音的幅度不同，即音色不同。当 $c=l/2$ 时，无偶次泛音；当 $c=l/3$ 时，无 3 的倍数次泛音；当 $c=l/4$ 时，无 4 次泛音；当 $c=l/5$ 时，无 5 次泛音。这是因为 c 正位于这些泛音的节点处。

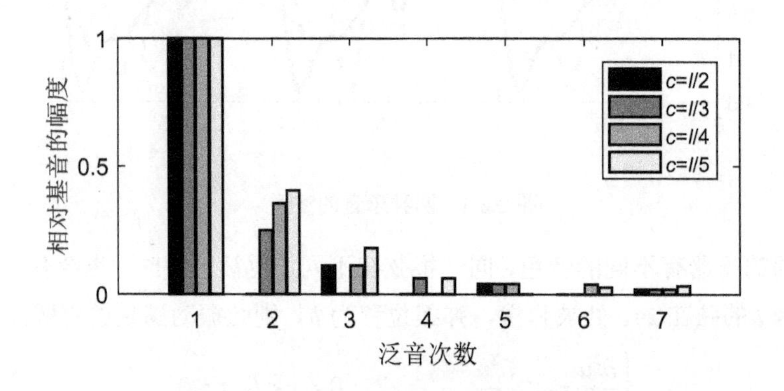

图 2.2.4　弦的不同位置被弹拨时的泛音幅度

弦的微小振动不足以推动空气产生高音量的乐音。古筝先通过筝码将弦的振动传递到面板，然后由面板、底板和两个筝边组成的共鸣体的振动来推动空气的振动。筝码的位置如图 2.2.5 所示。当筝码位于某一泛音的节点处时，将不能引起共鸣体在该泛音处的振动，因此移动筝码的位置可以适当调整音色。

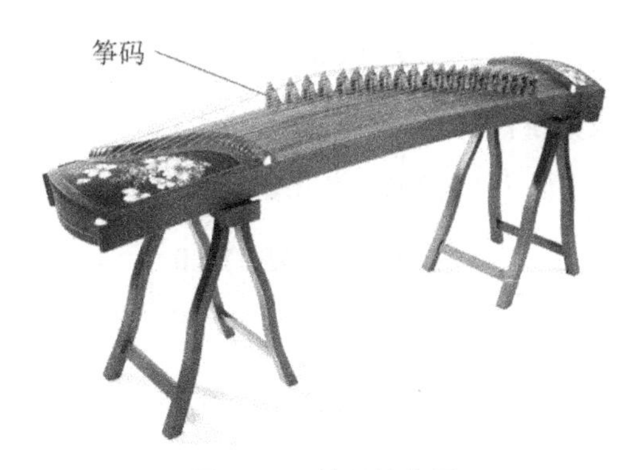

图 2.2.5　筝码的位置

2.3　杆的热传导

设一均匀细杆，长度为 l，侧面和两端都是绝热的。已知杆的初始温度为 $\varphi(x)$，则杆上的温度变化满足下列定解问题：

$$\begin{cases} \dfrac{\partial u}{\partial t}=a^2\dfrac{\partial^2 u}{\partial x^2}, & 0<x<l,\ t>0 \qquad (2.3.1a) \\ \dfrac{\partial u(0,t)}{\partial x}=0,\ \dfrac{\partial u(l,t)}{\partial x}=0, & t>0 \qquad (2.3.1b) \\ u(x,0)=\varphi(x), & 0\leqslant x\leqslant l \qquad (2.3.1c) \end{cases}$$

下面仍用分离变量法来求解这个定解问题。设

$$u(x,t)=X(x)T(t) \tag{2.3.2}$$

将式（2.3.2）代入泛定方程式（2.3.1a）得

$$T'X=a^2TX'' \tag{2.3.3}$$

或

$$\frac{X''}{X}=\frac{T'}{a^2T} \tag{2.3.4}$$

可以看出，式（2.3.4）左边只与 x 有关，右边只与 t 有关，若两边恒相等，则只能都为常数。记该常数为 $-\lambda$，则有

$$\frac{X''}{X}=\frac{T'}{a^2T}=-\lambda \tag{2.3.5}$$

由式（2.3.5）可以得到两个常微分方程，即

$$X''+\lambda X=0 \tag{2.3.6}$$

$$T' + \lambda a^2 T = 0 \tag{2.3.7}$$

将式（2.3.2）代入边界条件式（2.3.1b），得

$$u(0,t) = X'(0)T(t) = 0 \tag{2.3.8a}$$

$$u(l,t) = X'(l)T(t) = 0 \tag{2.3.8b}$$

由于 $T(t) \neq 0$，因此有

$$X'(0) = X'(l) = 0 \tag{2.3.9}$$

式（2.3.6）和式（2.3.9）组成了定解问题式（2.3.1）的特征值问题：

$$\begin{cases} X'' + \lambda X = 0, & 0 < x < l \quad (2.3.10a) \\ X'(0) = 0,\ X'(l) = 0 & \quad (2.3.10b) \end{cases}$$

下面对 λ 分三种情况来讨论特征值问题的解。

当 $\lambda < 0$ 时，令 $\lambda = -\beta^2$，式（2.3.10a）变为

$$X'' - \beta^2 X = 0 \tag{2.3.11}$$

其通解为

$$X(x) = A\mathrm{e}^{\beta x} + B\mathrm{e}^{-\beta x} \tag{2.3.12}$$

根据边界条件式（2.3.10b）得

$$\begin{aligned} X'(0) &= A\beta - B\beta = 0 \\ X'(l) &= A\beta\mathrm{e}^{\beta l} - B\beta\mathrm{e}^{-\beta l} = 0 \end{aligned} \tag{2.3.13}$$

解得

$$A = B = 0 \tag{2.3.14}$$

即

$$X(x) = 0 \tag{2.3.15}$$

因此，当 $\lambda < 0$ 时，特征值问题式（2.3.10）无非零解。

当 $\lambda = 0$ 时，式（2.3.10a）变为

$$X'' = 0 \tag{2.3.16}$$

其通解为

$$X(x) = A + Bx \tag{2.3.17}$$

根据边界条件式（2.3.10b）得

$$X'(0) = X'(l) = B = 0 \tag{2.3.18}$$

因此，当 $\lambda = 0$ 时，特征值问题式（2.3.10）的特征值为

$$\lambda_0 = 0 \tag{2.3.19}$$

特征函数为

$$X_0(x) = A_0 \tag{2.3.20}$$

当$\lambda > 0$时，令$\lambda = \beta^2$，式（2.3.10a）变为

$$X'' + \beta^2 X = 0 \tag{2.3.21}$$

其通解为

$$X(x) = A\cos\beta x + B\sin\beta x \tag{2.3.22}$$

根据边界条件式（2.3.10b）得

$$\begin{aligned} X'(0) &= B = 0 \\ X'(l) &= -A\beta\sin\beta l = 0 \end{aligned} \tag{2.3.23}$$

因此有

$$\sin\beta l = 0 \tag{2.3.24}$$

得

$$\beta_n = \frac{n\pi}{l}，\ n = 1,2,3,\cdots \tag{2.3.25}$$

因此，当$\lambda > 0$时，特征值问题式（2.3.10）的特征值为

$$\lambda_n = \beta_n^2 = \frac{n^2\pi^2}{l^2} \tag{2.3.26}$$

特征函数为

$$X_n(x) = A_n\cos\frac{n\pi}{l}x \tag{2.3.27}$$

将式（2.3.19）和式（2.3.26）代入式（2.3.7）得

$$T_0' = 0 \tag{2.3.28a}$$

$$T_n' + \frac{a^2n^2\pi^2}{l^2}T_n = 0，\ n = 1,2,3,\cdots \tag{2.3.28b}$$

其通解分别为

$$T_0 = C_0' \tag{2.3.29a}$$

$$T_n = C_n'\mathrm{e}^{-\frac{a^2n^2\pi^2}{l^2}t}，\ n = 1,2,3,\cdots \tag{2.3.29b}$$

将X_n和T_n相乘，得到u_n，即

$$u_0 = X_0T_0 = A_0C_0' = \frac{C_0}{2} \tag{2.3.30a}$$

$$u_n = X_nT_n = A_n\cos\frac{n\pi}{l}xC_n'\mathrm{e}^{-\frac{a^2n^2\pi^2}{l^2}t} = C_n\mathrm{e}^{-\frac{a^2n^2\pi^2}{l^2}t}\cos\frac{n\pi}{l}x，\ n=1,2,3,\cdots \tag{2.3.30b}$$

因此，泛定方程式（2.3.1a）的通解可以写为

$$u = \sum_{n=0}^{\infty}u_n = \frac{C_0}{2} + \sum_{n=1}^{\infty}C_n\mathrm{e}^{-\frac{a^2n^2\pi^2}{l^2}t}\cos\frac{n\pi}{l}x \tag{2.3.31}$$

将式（2.3.31）代入式（2.3.1c），得

$$u(x,0) = \frac{C_0}{2} + \sum_{n=1}^{\infty}C_n\cos\frac{n\pi}{l}x = \varphi(x) \tag{2.3.32}$$

根据式（2.3.32），可求得系数为

$$C_0 = \frac{2}{l}\int_0^l\varphi(x)\mathrm{d}x \tag{2.3.33a}$$

$$C_n = \frac{2}{l}\int_0^l\varphi(x)\cos\frac{n\pi}{l}x\mathrm{d}x，\ n=1,2,3,\cdots \tag{2.3.33b}$$

若杆在 $x=l$ 处的热量自由发散到周围温度为 0℃的介质中，则在 $x=l$ 处为第三类边界条件，定解问题式（2.3.1）变为

$$\begin{cases}\dfrac{\partial u}{\partial t} = a^2\dfrac{\partial^2 u}{\partial x^2}, & 0<x<l，\ t>0 \quad (2.3.34a)\\ u(0,t)=0，\ \dfrac{\partial u(l,t)}{\partial x} + hu(l,t) = 0， & t>0 \quad (2.3.34b)\\ u(x,0)=\varphi(x), & 0\leqslant x\leqslant l \quad (2.3.34c)\end{cases}$$

其中，h 是与散热速度有关的常数。

这里同样用分离变量法来求解这个定解问题。设

$$u(x,t) = X(x)T(t) \tag{2.3.35}$$

将式（2.3.35）代入泛定方程式（2.3.34a），同样得到两个常微分方程，即

$$X'' + \lambda X = 0 \tag{2.3.36}$$

$$T' + \lambda a^2 T = 0 \tag{2.3.37}$$

将式（2.3.35）代入边界条件式（2.3.34b），得

$$X(0) = 0 \tag{2.3.38a}$$

$$X'(l) + hX(l) = 0 \tag{2.3.38b}$$

式（2.3.38）和式（2.3.36）组成了定解问题式（2.3.34）的特征值问题：

$$\begin{cases} X'' + \lambda X = 0, & 0 < x < l \qquad (2.3.39a) \\ X(0) = 0,\ X'(l) + hX(l) = 0 & \qquad (2.3.39b) \end{cases}$$

下面对 λ 分三种情况来讨论特征值问题的解。

当 $\lambda < 0$ 时，令 $\lambda = -\beta^2$，式（2.3.39a）变为

$$X'' - \beta^2 X = 0 \tag{2.3.40}$$

其通解为

$$X(x) = A\mathrm{e}^{\beta x} + B\mathrm{e}^{-\beta x} \tag{2.3.41}$$

根据边界条件式（2.3.39b），可得

$$A = B = 0 \tag{2.3.42}$$

因此，当 $\lambda < 0$ 时，特征值问题式（2.3.39）无非零解。

当 $\lambda = 0$ 时，式（2.3.39a）变为

$$X'' = 0 \tag{2.3.43}$$

其通解为

$$X(x) = A + Bx \tag{2.3.44}$$

根据边界条件式（2.3.39b），可得

$$A = B = 0 \tag{2.3.45}$$

因此，当 $\lambda = 0$ 时，特征值问题式（2.3.39）无非零解。

当 $\lambda > 0$ 时，令 $\lambda = \beta^2$，式（2.3.39a）变为

$$X'' + \beta^2 X = 0 \tag{2.3.46}$$

其通解为

$$X(x) = A\cos\beta x + B\sin\beta x \tag{2.3.47}$$

根据边界条件式（2.3.39b），可得

$$\begin{aligned} &X(0) = A = 0 \\ &X'(l) + hX(l) = B\beta\cos\beta l + Bh\sin\beta l = 0 \end{aligned} \tag{2.3.48}$$

因此有

$$\tan\beta l = -\beta / h \tag{2.3.49}$$

式（2.3.49）是超越方程，它的根是直线和正切曲线的一系列交点，如图 2.3.1 所示。

可以用数值方法求解这个方程的根。设它的正根为β_n，$n=1,2,3,\cdots$。因此，特征值为

$$\lambda_n=\beta_n^2,\ n=1,2,3,\cdots \tag{2.3.50}$$

特征函数为

$$X_n(x)=B_n\sin\beta_n x \tag{2.3.51}$$

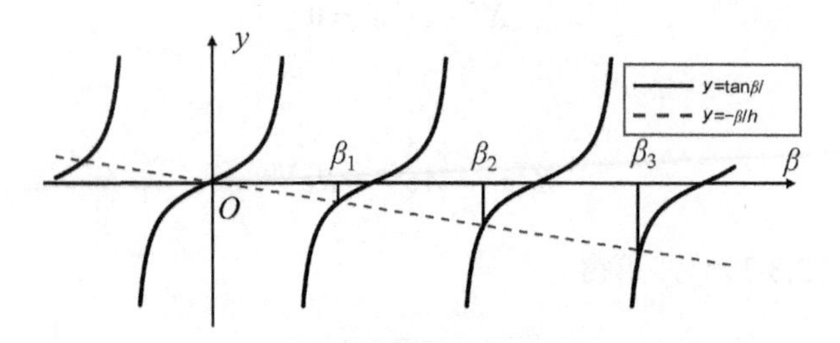

图 2.3.1　超越方程曲线

将式（2.3.50）代入式（2.3.37）得

$$T_n'+\beta_n^2a^2T_n=0 \tag{2.3.52}$$

其通解为

$$T_n=C_n'\mathrm{e}^{-\beta_n^2a^2t} \tag{2.3.53}$$

将X_n和T_n相乘得到u_n，即

$$u_n=X_nT_n=C_n'\mathrm{e}^{-\beta_n^2a^2t}B_n\sin\beta_n x=C_n\mathrm{e}^{-\beta_n^2a^2t}\sin\beta_n x \tag{2.3.54}$$

因此，泛定方程式（2.3.34a）的通解可以写为

$$u=\sum_{n=1}^{\infty}u_n=\sum_{n=1}^{\infty}C_n\mathrm{e}^{-\beta_n^2a^2t}\sin\beta_n x \tag{2.3.55}$$

将式（2.3.55）代入式（2.3.34c）得

$$u(x,0)=\sum_{n=1}^{\infty}C_n\sin\beta_n x=\varphi(x) \tag{2.3.56}$$

若$\{\sin\beta_n x\}$是正交函数系，则可以根据正交性求解系数C_n，即

$$C_n=\frac{\int_0^l\varphi(x)\sin\beta_n x\mathrm{d}x}{\int_0^l\sin^2\beta_n x\mathrm{d}x} \tag{2.3.57}$$

下面证明$\{\sin\beta_n x\}$的正交性。显然有

$$\int_0^l\sin^2\beta_n x\mathrm{d}x\neq 0 \tag{2.3.58}$$

当$m\neq n$时，将$\sin\beta_m x$和$\sin\beta_n x$相乘，在区间$[0,l]$上关于x进行积分，得

$$
\begin{aligned}
&\int_0^l \sin\beta_m x \sin\beta_n x \mathrm{d}x \\
&= -\frac{1}{2}\int_0^l \left[\cos(\beta_m+\beta_n)x - \cos(\beta_m-\beta_n)x\right]\mathrm{d}x \\
&= -\frac{1}{2}\left[\frac{\sin(\beta_m+\beta_n)l}{\beta_m+\beta_n} - \frac{\sin(\beta_m-\beta_n)l}{\beta_m-\beta_n}\right] \\
&= -\frac{1}{(\beta_m+\beta_n)(\beta_m-\beta_n)}\cdot\frac{1}{\beta_m\beta_n\cos\beta_m l\cos\beta_n l}\left(\frac{\tan\beta_n l}{\beta_n} - \frac{\tan\beta_m l}{\beta_m}\right)
\end{aligned} \tag{2.3.59}
$$

根据式（2.3.49），可得式（2.3.59）括号内的式子为零，即

$$
\int_0^l \sin\beta_m x \sin\beta_n x \mathrm{d}x = 0,\ \ m \neq n \tag{2.3.60}
$$

由式（2.3.58）和式（2.3.60）可知，函数系$\{\sin\beta_n x\}$在区间$[0,l]$内正交。

2.4　圆盘的稳态温度分布

一个半径为ρ_0的薄圆盘，上、下两面绝热，已知圆盘边缘的温度为$f(\theta)$，当达到稳恒态时，圆盘的温度分布满足如下定解问题：

$$
\begin{cases}
\dfrac{1}{\rho}\dfrac{\partial}{\partial\rho}\left(\rho\dfrac{\partial u}{\partial\rho}\right) + \dfrac{1}{\rho^2}\dfrac{\partial^2 u}{\partial\theta^2} = 0, & \rho < \rho_0,\ -\infty < \theta < +\infty \quad (2.4.1\text{a}) \\
u(\rho_0,\theta) = f(\theta), & -\infty < \theta < +\infty \quad (2.4.1\text{b})
\end{cases}
$$

对于圆域问题，还应该增加周期边界条件和自然边界条件。因此，圆域内的定解问题可以完整表示为

$$
\begin{cases}
\dfrac{1}{\rho}\dfrac{\partial}{\partial\rho}\left(\rho\dfrac{\partial u}{\partial\rho}\right) + \dfrac{1}{\rho^2}\dfrac{\partial^2 u}{\partial\theta^2} = 0, & \rho < \rho_0,\ -\infty < \theta < +\infty \quad (2.4.2\text{a}) \\
u(\rho_0,\theta) = f(\theta), & -\infty < \theta < +\infty \quad (2.4.2\text{b}) \\
u(\rho,\theta) = u(\rho,\theta+2\pi), & \rho \leqslant \rho_0,\ -\infty < \theta < +\infty \quad (2.4.2\text{c}) \\
|u(0,\theta)| < +\infty, & -\infty < \theta < +\infty \quad (2.4.2\text{d})
\end{cases}
$$

采用分离变量法来求解这个定解问题。设

$$
u(\rho,\theta) = P(\rho)\Theta(\theta) \tag{2.4.3}
$$

将式（2.4.3）代入泛定方程式（2.4.2a）得

$$
\frac{1}{\rho}\frac{\partial}{\partial\rho}(\rho P'\Theta) + \frac{1}{\rho^2}P\Theta'' = 0 \tag{2.4.4}
$$

或

$$\frac{P''+\dfrac{1}{\rho}P'}{\dfrac{1}{\rho^2}P}=-\frac{\Theta''}{\Theta} \tag{2.4.5}$$

式（2.4.5）的左边只与ρ有关，右边只与θ有关，若两边恒相等，则只能都为常数。记该常数为λ，则有

$$\frac{P''+\dfrac{1}{\rho}P'}{\dfrac{1}{\rho^2}P}=-\frac{\Theta''}{\Theta}=\lambda \tag{2.4.6}$$

由式（2.4.6）可以得到两个常微分方程，即

$$\Theta''+\lambda\Theta=0 \tag{2.4.7}$$

$$\rho^2P''+\rho P'-\lambda P=0 \tag{2.4.8}$$

将式（2.4.3）代入周期边界条件式（2.4.2c），得

$$P(\rho)\Theta(\theta)=P(\rho)\Theta(\theta+2\pi) \tag{2.4.9}$$

由于$P(\rho)\neq 0$，因此有

$$\Theta(\theta)=\Theta(\theta+2\pi) \tag{2.4.10}$$

式（2.4.7）和式（2.4.10）组成了定解问题式（2.4.2）的特征值问题：

$$\begin{cases}\Theta''+\lambda\Theta=0, \qquad -\infty<\theta<+\infty & (2.4.11\text{a})\\ \Theta(\theta)=\Theta(\theta+2\pi) & (2.4.11\text{b})\end{cases}$$

下面对λ分三种情况来讨论特征值问题的解。

当$\lambda<0$时，令$\lambda=-\beta^2$，式（2.4.11a）变为

$$\Theta''-\beta^2\Theta=0 \tag{2.4.12}$$

其通解为

$$\Theta(\theta)=A\mathrm{e}^{\beta\theta}+B\mathrm{e}^{-\beta\theta} \tag{2.4.13}$$

由于指数函数不是周期函数，因此，根据周期边界条件式（2.4.11b）得

$$\Theta(\theta)=0 \tag{2.4.14}$$

即当$\lambda<0$时，特征值问题式（2.4.11）无非零解。

当$\lambda=0$时，式（2.4.11a）变为

$$\Theta''=0 \tag{2.4.15}$$

其通解为

$$\Theta(\theta)=A+B\theta \tag{2.4.16}$$

根据周期边界条件式（2.4.11b）得

$$B=0 \tag{2.4.17}$$

因此，当$\lambda=0$时，特征值问题式（2.4.11）的特征值为

$$\lambda_0=0 \tag{2.4.18}$$

特征函数为

$$\Theta_0(\theta)=A_0 \tag{2.4.19}$$

当$\lambda>0$时，令$\lambda=\beta^2$，式（2.4.11a）变为

$$\Theta''+\beta^2\Theta=0 \tag{2.4.20}$$

其通解为

$$\Theta=A\cos\beta\theta+B\sin\beta\theta \tag{2.4.21}$$

根据周期边界条件式（2.4.11b）得

$$\beta_n=n,\quad n=1,2,3,\cdots \tag{2.4.22}$$

因此，当$\lambda>0$时，特征值问题式（2.4.11）的特征值为

$$\lambda_n=n^2 \tag{2.4.23}$$

特征函数为

$$\Theta_n=A_n\cos n\theta+B_n\sin n\theta \tag{2.4.24}$$

将式（2.4.18）和（2.4.23）代入式（2.4.8）得

$$\rho^2P_0''+\rho P_0'=0 \tag{2.4.25a}$$

$$\rho^2P_n''+\rho P_n'-n^2P=0,\quad n=1,2,3,\cdots \tag{2.4.25b}$$

式（2.4.25）为欧拉方程，其通解为

$$P_0=C_0'+D_0'\ln\rho \tag{2.4.26a}$$

$$P_n=C_n'\rho^n+D_n'\rho^{-n},\quad n=1,2,3,\cdots \tag{2.4.26b}$$

由于$\ln\rho$和ρ^{-n}在$\rho=0$处无界，因此根据自然边界条件式（2.4.2d），略去式（2.4.26）中的无穷大项，可将式（2.4.26）变为

$$P_0=C_0' \tag{2.4.27a}$$

$$P_n=C_n'\rho^n,\quad n=1,2,3,\cdots \tag{2.4.27b}$$

将Θ_n和P_n相乘得到u_n，即

$$u_0 = \varTheta_0 P_0 = A_0 C_0' = \frac{C_0}{2} \tag{2.4.28a}$$

$$\begin{aligned} u_n &= \varTheta_n P_n = \left[A_n \cos n\theta + B_n \sin n\theta\right] C_n' \rho^n \\ &= \left[C_n \cos n\theta + D_n \sin n\theta\right] \rho^n \end{aligned}, \quad n = 1,2,3,\cdots \tag{2.4.28b}$$

因此，泛定方程式（2.4.2a）的通解可以写为

$$u = \sum_{n=0}^{\infty} u_n = \frac{C_0}{2} + \sum_{n=1}^{\infty} \left[C_n \cos n\theta + D_n \sin n\theta\right] \rho^n \tag{2.4.29}$$

式（2.2.32）中含有两组任意常数C_n和D_n，因此，需要两个定解条件来确定这两组任意常数。式（2.4.29）中看起来也有两组任意常数C_n和D_n，但实际上，由于$\cos n\theta$和$\sin n\theta$是特征函数，它们之间是正交的，因此相当于只有一组任意常数，即可以用一个定解条件来确定C_n和D_n。将式（2.4.29）代入式（2.4.2b）得

$$u(\rho_0, \theta) = f(\theta) = \frac{C_0}{2} + \sum_{n=1}^{\infty} \left[C_n \cos n\theta + D_n \sin n\theta\right] \rho_0^n \tag{2.4.30}$$

根据正交性，可求得系数为

$$\begin{aligned} C_0 &= \frac{1}{\pi} \int_0^{2\pi} f(\theta) \mathrm{d}\theta, \\ C_n &= \frac{1}{\pi \rho_0^n} \int_0^{2\pi} f(\theta) \cos n\theta \mathrm{d}\theta, \quad n = 1,2,3,\cdots \\ D_n &= \frac{1}{\pi \rho_0^n} \int_0^{2\pi} f(\theta) \sin n\theta \mathrm{d}\theta, \quad n = 1,2,3,\cdots \end{aligned} \tag{2.4.31}$$

因此，定解问题式（2.4.1）或式（2.4.2）的解为式（2.4.29），其中，系数由式（2.4.31）确定。

有时根据需要，还可以将式（2.4.29）写成积分的形式。将式（2.4.31）代入式（2.4.29），并调换积分与求和的顺序，利用三角函数和差化积公式可得

$$u = \frac{1}{\pi} \int_0^{2\pi} f(\tau) \left[\frac{1}{2} + \sum_{n=1}^{\infty} \left(\frac{\rho}{\rho_0}\right)^n \cos n(\theta - \tau)\right] \mathrm{d}\tau \tag{2.4.32}$$

对于$|k| < 1$，有

$$\begin{aligned} \frac{1}{2} + \sum_{n=1}^{\infty} k^n \cos nt &= \frac{1}{2} + \frac{1}{2} \sum_{n=1}^{\infty} k^n \mathrm{e}^{\mathrm{j}nt} + \frac{1}{2} \sum_{n=1}^{\infty} k^n \mathrm{e}^{-\mathrm{j}nt} \\ &= \frac{1}{2} + \frac{1}{2} \frac{k\mathrm{e}^{\mathrm{j}t}}{1 - k\mathrm{e}^{\mathrm{j}t}} + \frac{1}{2} \frac{k\mathrm{e}^{-\mathrm{j}t}}{1 - k\mathrm{e}^{-\mathrm{j}t}} = \frac{1}{2} \frac{1 - k^2}{1 - 2k\cos t + k^2} \end{aligned} \tag{2.4.33}$$

利用式（2.4.33），可将式（2.4.32）变为

$$u=\frac{1}{2\pi}\int_0^{2\pi}f(\tau)\frac{\rho_0^2-\rho^2}{\rho_0^2+\rho^2-2\rho_0\rho\cos(\theta-\tau)}\mathrm{d}\tau \tag{2.4.34}$$

式（2.4.34）为圆域内的泊松公式。

2.5　非齐次方程

在演奏弓弦乐器时，琴弓摩擦琴弦，依靠机械力量使张紧的琴弦振动发音。由于在演奏过程中琴弦一直受力，因此琴弦的振动满足非齐次波动方程。琴弦上各质点的横向位移 $u(x,t)$ 满足的定解问题为

$$\begin{cases}\dfrac{\partial^2 u}{\partial t^2}=a^2\dfrac{\partial^2 u}{\partial x^2}+f(x,t), & 0<x<l,\ t>0 \quad (2.5.1\text{a})\\ u(0,t)=0,\ u(l,t)=0, & t>0 \quad (2.5.1\text{b})\\ u(x,0)=\varphi(x),\ \dfrac{\partial u(x,0)}{\partial t}=\psi(x), & 0\leqslant x\leqslant l \quad (2.5.1\text{c})\end{cases}$$

仍然尝试采用分离变量法来求解该定解问题。将 $u(x,t)=X(x)T(t)$ 代入式（2.5.1a），可知当 $f\neq 0$ 时，无法将式（2.5.1a）的两边各自变为仅含一个自变量的函数，即不能将式（2.5.1a）变为两个常微分方程。

根据线性方程的叠加性，当 $v(x,t)$ 和 $w(x,t)$ 分别满足定解问题

$$\begin{cases}\dfrac{\partial^2 v}{\partial t^2}=a^2\dfrac{\partial^2 v}{\partial x^2}+f(x,t), & 0<x<l,\ t>0 \quad (2.5.2\text{a})\\ v(0,t)=0,\ v(l,t)=0, & t>0 \quad (2.5.2\text{b})\\ v(x,0)=0,\ \dfrac{\partial v(x,0)}{\partial t}=0, & 0\leqslant x\leqslant l \quad (2.5.2\text{c})\end{cases}$$

和

$$\begin{cases}\dfrac{\partial^2 w}{\partial t^2}=a^2\dfrac{\partial^2 w}{\partial x^2}, & 0<x<l,\ t>0 \quad (2.5.3\text{a})\\ w(0,t)=0,\ w(l,t)=0, & t>0 \quad (2.5.3\text{b})\\ w(x,0)=\varphi(x),\ \dfrac{\partial w(x,0)}{\partial t}=\psi(x), & 0\leqslant x\leqslant l \quad (2.5.3\text{c})\end{cases}$$

时，有

$$u(x,t)=v(x,t)+w(x,t) \tag{2.5.4}$$

满足定解问题式（2.5.1）。其中，$v(x,t)$ 是由外力 $f(x,t)$ 引起的振动，$w(x,t)$ 是由初始状态 $\varphi(x)$ 和 $\psi(x)$ 引起的振动。

式（2.5.3）可以采用分离变量法来求解。由于具有两个自变量的函数 $v(x,t)$ 可以写为傅里叶级数的形式，因此可以将定解问题式（2.5.2）的解写为

$$v=\sum_{n=1}^{\infty}T_n(t)\sin\frac{n\pi}{l}x \tag{2.5.5}$$

其中，$T_n(t)$ 为待定函数。将式（2.5.5）代入式（2.5.2a）得

$$\sum_{n=1}^{\infty}T_n''(t)\sin\frac{n\pi}{l}x=\sum_{n=1}^{\infty}\left[-a^2\frac{n^2\pi^2}{l^2}T_n(t)\sin\frac{n\pi}{l}x\right]+f(x,t) \tag{2.5.6}$$

将 $f(x,t)$ 也写为特征函数的傅里叶级数的形式，即

$$f(x,t)=\sum_{n=1}^{\infty}f_n(t)\sin\frac{n\pi}{l}x \tag{2.5.7}$$

其中

$$f_n(t)=\frac{2}{l}\int_0^l f(x,t)\sin\frac{n\pi}{l}x\mathrm{d}x \tag{2.5.8}$$

因此，式（2.5.6）变为

$$\sum_{n=1}^{\infty}T_n''(t)\sin\frac{n\pi}{l}x=\sum_{n=1}^{\infty}\left[-a^2\frac{n^2\pi^2}{l^2}T_n(t)\sin\frac{n\pi}{l}x\right]+\sum_{n=1}^{\infty}f_n(t)\sin\frac{n\pi}{l}x \tag{2.5.9}$$

根据 $\sin\frac{n\pi}{l}x$ 的正交性，可得

$$T_n''(t)+a^2\frac{n^2\pi^2}{l^2}T_n(t)-f_n(t)=0 \tag{2.5.10}$$

式（2.5.10）是一个关于 $T_n(t)$ 的二阶常微分方程。将式（2.5.5）代入式（2.5.2c），可得 $T_n(t)$ 满足的初始条件为

$$T_n(0)=T_n'(0)=0 \tag{2.5.11}$$

可以采用第 4 章的积分变换法来求解满足式（2.5.11）的式（2.5.10），本节采用常数变异法来求解。由于齐次方程

$$T_n''(t)+a^2\frac{n^2\pi^2}{l^2}T_n(t)=0 \tag{2.5.12}$$

的通解为

$$T_n=C\cos\frac{n\pi at}{l}+D\sin\frac{n\pi at}{l} \tag{2.5.13}$$

其中，C 和 D 为任意常数。因此非齐次方程式（2.5.10）的一个特解可以表示为

$$T_n=C(t)\cos\frac{n\pi at}{l}+D(t)\sin\frac{n\pi at}{l} \tag{2.5.14}$$

其中，$C(t)$ 和 $D(t)$ 为待定函数。对式（2.5.14）求导得

$$T_n' = C'\cos\frac{n\pi at}{l} - C\frac{n\pi a}{l}\sin\frac{n\pi at}{l} + D'\sin\frac{n\pi at}{l} + D\frac{n\pi a}{l}\cos\frac{n\pi at}{l} \tag{2.5.15}$$

其中，C' 和 D' 分别为 $C(t)$ 与 $D(t)$ 关于 t 的一阶导数。为了使 T_n'' 不含 C' 和 D'，可设

$$C'\cos\frac{n\pi at}{l} + D'\sin\frac{n\pi at}{l} = 0 \tag{2.5.16}$$

从而有

$$T_n' = -C\frac{n\pi a}{l}\sin\frac{n\pi at}{l} + D\frac{n\pi a}{l}\cos\frac{n\pi at}{l} \tag{2.5.17}$$

再次求导，得

$$\begin{aligned} T_n'' = & -C'\frac{n\pi a}{l}\sin\frac{n\pi at}{l} - C\frac{n^2\pi^2a^2}{l^2}\cos\frac{n\pi at}{l} + \\ & D'\frac{n\pi a}{l}\cos\frac{n\pi at}{l} - D\frac{n^2\pi^2a^2}{l^2}\sin\frac{n\pi at}{l} \end{aligned} \tag{2.5.18}$$

将式（2.5.14）和式（2.5.18）代入式（2.5.10）得

$$-C'\frac{n\pi a}{l}\sin\frac{n\pi at}{l} + D'\frac{n\pi a}{l}\cos\frac{n\pi at}{l} = f_n \tag{2.5.19}$$

由式（2.5.16）和式（2.5.19）可得

$$C' = -\frac{l}{n\pi a}f_n\sin\frac{n\pi at}{l} \tag{2.5.20a}$$

$$D' = \frac{l}{n\pi a}f_n\cos\frac{n\pi at}{l} \tag{2.5.20b}$$

积分后得

$$C = -\frac{l}{n\pi a}\int_0^t f_n(\tau)\sin\frac{n\pi a\tau}{l}\mathrm{d}\tau \tag{2.5.21a}$$

$$D = \frac{l}{n\pi a}\int_0^t f_n(\tau)\cos\frac{n\pi a\tau}{l}\mathrm{d}\tau \tag{2.5.21b}$$

因此，非齐次方程式（2.5.10）的通解为

$$\begin{aligned} T_n = & C\cos\frac{n\pi at}{l} + D\sin\frac{n\pi at}{l} - \frac{l}{n\pi a}\int_0^t f_n(\tau)\sin\frac{n\pi a\tau}{l}\mathrm{d}\tau\cos\frac{n\pi at}{l} + \\ & \frac{l}{n\pi a}\int_0^t f_n(\tau)\cos\frac{n\pi a\tau}{l}\mathrm{d}\tau\sin\frac{n\pi at}{l} \end{aligned} \tag{2.5.22}$$

利用初始条件式（2.5.11）确定 $C(t)$ 和 $D(t)$ 后可得

$$\begin{aligned} T_n &= -\frac{l}{n\pi a}\int_0^t f_n(\tau)\sin\frac{n\pi a\tau}{l}\mathrm{d}\tau\cos\frac{n\pi at}{l}+\frac{l}{n\pi a}\int_0^t f_n(\tau)\cos\frac{n\pi a\tau}{l}\mathrm{d}\tau\sin\frac{n\pi at}{l} \\ &= \frac{l}{n\pi a}\int_0^t f_n(\tau)\sin\frac{n\pi a(t-\tau)}{l}\mathrm{d}\tau \end{aligned} \tag{2.5.23}$$

因此，定解问题式（2.5.2）的解为

$$v=\sum_{n=1}^{\infty}\frac{l}{n\pi a}\int_0^t f_n(\tau)\sin\frac{n\pi a(t-\tau)}{l}\mathrm{d}\tau\sin\frac{n\pi}{l}x \tag{2.5.24}$$

在上述求解定解问题式（2.5.2）的过程中，似乎未用到边界条件式（2.5.2b）。其实，在将方程的通解表示成式（2.5.5）时，已经用到了边界条件式（2.5.2b）。式（2.5.5）中的 $\sin\frac{n\pi}{l}x$ 是根据泛定方程式（2.5.2a）对应的齐次方程

$$\frac{\partial^2 v}{\partial t^2}=a^2\frac{\partial^2 v}{\partial x^2} \tag{2.5.25}$$

和边界条件式（2.5.2b）求解出来的特征函数。这样，通解式（2.5.5）自然满足边界条件式（2.5.2b）。随着方程与边界条件的不同，特征函数族也不同。这种将非齐次方程的解按照相应的特征函数傅里叶级数展开式来求解非齐次方程的方法称为特征函数法。

上面将具有齐次边界条件、非齐次初始条件、非齐次方程的定解问题根据线性方程的叠加性转化成两个问题分别求解。在第一个问题中，只有方程是非齐次的，采用了特征函数法来求解；在第二个问题中，只有初始条件是非齐次的，采用了标准的分离变量法来求解。其实也可以对定解问题式（2.5.1）直接采用特征函数法来求解。

类似地，设

$$u=\sum_{n=1}^{\infty}T_n(t)\sin\frac{n\pi}{l}x \tag{2.5.26}$$

同样可以得到 $T_n(t)$ 满足式（2.5.10）。将式（2.5.26）代入式（2.5.1c）得

$$u(x,0)=\sum_{n=1}^{\infty}T_n(0)\sin\frac{n\pi}{l}x=\varphi(x) \tag{2.5.27a}$$

$$\frac{\partial u(x,0)}{\partial t}=\sum_{n=1}^{\infty}T_n'(0)\sin\frac{n\pi}{l}x=\psi(x) \tag{2.5.27b}$$

因此，$T_n(t)$ 满足的初始条件为

$$T_n(0)=\frac{2}{l}\int_0^l \varphi(x)\sin\frac{n\pi}{l}x\mathrm{d}x \tag{2.5.28a}$$

$$T_n'(0)=\frac{2}{l}\int_0^l \psi(x)\sin\frac{n\pi}{l}x\mathrm{d}x \tag{2.5.28b}$$

同样，采用常数变异法，可得通解式（2.5.22）。将初始条件式（2.5.28）代入式（2.5.22），

确定 $C(t)$ 和 $D(t)$ 后可得

$$T_n = \frac{2}{l}\int_0^l \varphi(x)\sin\frac{n\pi}{l}x\mathrm{d}x\cos\frac{n\pi at}{l} + \frac{2}{n\pi a}\int_0^l \psi(x)\sin\frac{n\pi}{l}x\mathrm{d}x\sin\frac{n\pi at}{l} + \frac{l}{n\pi a}\int_0^t f_n(\tau)\sin\frac{n\pi a(t-\tau)}{l}\mathrm{d}\tau \tag{2.5.29}$$

将式（2.5.29）代入式（2.5.26），即得定解问题式（2.5.1）的解。可以看出，式（2.5.29）的前两项对应的是非齐次初始条件，是由定解问题式（2.5.3）求出的；第三项对应的是方程的非齐次项，是由定解问题式（2.5.2）求出的。

当对 $f(x,t)$ 按照式（2.5.7）进行展开，且第 n 项的系数 $f_n(t)$ 恰好为

$$f_n(t) = \sin\frac{n\pi at}{l} \tag{2.5.30}$$

时，式（2.5.29）的最后一项或式（2.5.23）变为

$$T_n = -\frac{l}{2n\pi a}t\cos\frac{n\pi at}{l} + \frac{l}{4n^2\pi^2a^2}\sin\frac{n\pi at}{l} \tag{2.5.31}$$

式（2.5.31）的第一项随着 t 的增大持续增大，这说明当激励信号的频率和弦的谐振频率相同时，弦振动的振幅持续增大，发生共振。

2.6　非齐次边界条件

对于单簧管（见图 2.6.1）、竹笛（见图 2.6.2）这类空气柱振动的气鸣乐器，在所考虑的频率范围内，声波的波长远远大于空气柱的直径，因此，可以近似认为空气柱做一维振动。进气的吹孔和出气的音孔之间的距离近似为空气柱的长度。

图 2.6.1　单簧管

图 2.6.2　竹笛

在演奏单簧管时，当气流进入簧片微张的缝口时，激发簧片振动，簧片处等效为第一类非齐次边界条件。在演奏竹笛时，气流以一定的角度冲撞在吹孔对面的锐棱上，产生边棱音，吹孔处等效为第二类非齐次边界条件。空气柱在音孔处可以近似认为是自由端，满足第二类齐次边界条件。

单簧管内的空气柱振动满足的定解问题近似为

$$\begin{cases} \dfrac{\partial^2 u}{\partial t^2} = a^2 \dfrac{\partial^2 u}{\partial x^2}, & 0 < x < l,\ t > 0 \quad (2.6.1\text{a}) \\ u(0,t) = g(t),\ \dfrac{\partial u(l,t)}{\partial x} = 0, & t > 0 \quad (2.6.1\text{b}) \\ u(x,0) = \varphi(x),\ \dfrac{\partial u(x,0)}{\partial t} = \psi(x), & 0 \leqslant x \leqslant l \quad (2.6.1\text{c}) \end{cases}$$

无论前面介绍的标准的分离变量法还是特征函数法，都要求边界条件是齐次的，只有这样才能对边界条件进行分离变量，得到特征值问题的定解条件。因此，这里利用线性方程的叠加性，令

$$u(x,t) = v(x,t) + w(x,t) \tag{2.6.2}$$

并找到一个 $w(x,t)$，使其满足

$$w(0,t) = g(t),\quad \frac{\partial w(l,t)}{\partial x} = 0 \tag{2.6.3}$$

则关于 $v(x,t)$ 的定解问题将具有齐次边界条件。

满足式（2.6.3）的 $w(x,t)$ 一定有很多，最简单的是关于 x 的一次形式，即

$$w(x,t) = A + Bx \tag{2.6.4}$$

将式（2.6.3）代入式（2.6.4）得

$$w(x,t) = g(t) \tag{2.6.5}$$

因此，$v(x,t)$ 满足的定解问题为

$$\begin{cases} \dfrac{\partial^2 v}{\partial t^2}=a^2\dfrac{\partial^2 v}{\partial x^2}-g'', & 0<x<l,\ t>0 \quad (2.6.6a) \\ v(0,t)=0,\ \dfrac{\partial v(l,t)}{\partial x}=0, & t>0 \quad (2.6.6b) \\ v(x,0)=\varphi(x)-g(0),\ \dfrac{\partial v(x,0)}{\partial t}=\psi(x)-g'(0), & 0\leqslant x\leqslant l \quad (2.6.6c) \end{cases}$$

该定解问题可以采用 2.5 节中的特征函数法来求解。

竹笛内的空气柱振动满足的定解问题近似为

$$\begin{cases} \dfrac{\partial^2 u}{\partial t^2}=a^2\dfrac{\partial^2 u}{\partial x^2}, & 0<x<l,\ t>0 \quad (2.6.7a) \\ \dfrac{\partial u(0,t)}{\partial x}=g(t),\ \dfrac{\partial u(l,t)}{\partial x}=0, & t>0 \quad (2.6.7b) \\ u(x,0)=\varphi(x),\ \dfrac{\partial u(x,0)}{\partial t}=\psi(x), & 0\leqslant x\leqslant l \quad (2.6.7c) \end{cases}$$

同样，利用式（2.6.2），并使

$$\frac{\partial w(0,t)}{\partial x}=g(t),\ \frac{\partial w(l,t)}{\partial x}=0 \quad (2.6.8)$$

这里若仍然设 $w(x,t)$ 是关于 x 的一次形式，则无解。因此，设 $w(x,t)$ 是关于 x 的二次形式，即

$$w(x,t)=Ax+Bx^2 \quad (2.6.9)$$

将式（2.6.8）代入式（2.6.9）得

$$w(x,t)=gx-\frac{g}{2l}x^2 \quad (2.6.10)$$

因此，$v(x,t)$ 满足的定解问题为

$$\begin{cases} \dfrac{\partial^2 v}{\partial t^2}=a^2\dfrac{\partial^2 v}{\partial x^2}-g''x+\dfrac{g''}{2l}x-a^2\dfrac{g}{l}, & 0<x<l,\ t>0 \quad (2.6.11a) \\ \dfrac{\partial v(0,t)}{\partial x}=0,\ \dfrac{\partial v(l,t)}{\partial x}=0, & t>0 \quad (2.6.11b) \\ v(x,0)=\varphi(x)-g(0)x+\dfrac{g(0)}{2l}x^2, & \\ \dfrac{\partial v(x,0)}{\partial t}=\psi(x)-g'(0)x+\dfrac{g'(0)}{2l}x^2, & 0\leqslant x\leqslant l \quad (2.6.11c) \end{cases}$$

在上述两个定解问题中，关于 $u(x,t)$ 的泛定方程都是齐次的，在引入满足非齐次边界条件的 $w(x,t)$ 后，$v(x,t)$ 所满足的泛定方程变成了非齐次的，即若关于 $u(x,t)$ 的泛定

方程

$$\begin{cases}\dfrac{\partial^2 u}{\partial t^2}=a^2\dfrac{\partial^2 u}{\partial x^2}+f(x,t), & 0<x<l,\ t>0 \quad (2.6.12a)\\ u(0,t)=g(t),\ u(l,t)=h(t), & t>0 \quad (2.6.12b)\\ u(x,0)=\varphi(x),\ \dfrac{\partial u(x,0)}{\partial t}=\psi(x), & 0\leqslant x\leqslant l \quad (2.6.12c)\end{cases}$$

本身是非齐次的，则仍然可以采用同样的方法来求解。

若 $w(x,t)$ 满足

$$\begin{cases}\dfrac{\partial^2 w}{\partial t^2}-a^2\dfrac{\partial^2 w}{\partial x^2}-f(x,t)=0, & 0<x<l,\ t>0 \quad (2.6.13a)\\ w(0,t)=g(t),\ w(l,t)=h(t), & t>0 \quad (2.6.13b)\end{cases}$$

则在引入 $w(x,t)$ 后，$v(x,t)$ 所满足的泛定方程和边界条件都可以由非齐次的变为齐次的。然而，定解问题式（2.6.12）和式（2.6.13）都具有非齐次边界条件与非齐次方程，因此，求解它们的难度是相同的。

若 f 和 x 无关，即 $f(x,t)=f(t)$，则 $w(x,t)=w(t)$，只有在很特殊的情况下，式(2.6.13)才有解。若 f、g、h 都和 t 无关，即 $f(x,t)=f(x)$，$w(x,t)=w(x)$，g 和 h 为常数，则式（2.6.12）变为

$$\begin{cases}\dfrac{\partial^2 u}{\partial t^2}=a^2\dfrac{\partial^2 u}{\partial x^2}+f(x), & 0<x<l,\ t>0 \quad (2.6.14a)\\ u(0,t)=g,\ u(l,t)=h, & t>0 \quad (2.6.14b)\\ u(x,0)=\varphi(x),\ \dfrac{\partial u(x,0)}{\partial t}=\psi(x), & 0\leqslant x\leqslant l \quad (2.6.14c)\end{cases}$$

式（2.6.13）变为

$$\begin{cases}a^2 w''+f(x)=0, & 0<x<l \quad (2.6.15a)\\ w(0)=g,\ w(l)=h & \quad (2.6.15b)\end{cases}$$

很容易解得

$$w(x)=-\frac{1}{a^2}\int_0^x\int_0^\eta f(\xi)\mathrm{d}\xi\mathrm{d}\eta+g+\frac{h+\dfrac{1}{a^2}\displaystyle\int_0^x\int_0^\eta f(\xi)\mathrm{d}\xi\mathrm{d}\eta-g}{l}x \tag{2.6.16}$$

因此，$v(x,t)$ 满足的定解问题为

$$\begin{cases}\dfrac{\partial^2 v}{\partial t^2}=a^2\dfrac{\partial^2 v}{\partial x^2}, & 0<x<l,\ t>0 \quad (2.6.17a)\\ v(0,t)=0,\ v(l,t)=0, & t>0 \quad (2.6.17b)\\ v(x,0)=\varphi(x)-w(x),\ \dfrac{\partial v(x,0)}{\partial t}=\psi(x), & 0\leqslant x\leqslant l \quad (2.6.17c)\end{cases}$$

这个定解问题具有齐次边界条件和齐次泛定方程。采用标准的分离变量法求解 $v(x,t)$ 后，定解问题式（2.6.14）的解为

$$u(x,t)=v(x,t)+w(x) \tag{2.6.18}$$

小结

本章介绍了规则有界域内线性偏微分方程的求解方法。2.2 节到 2.4 节中求解的定解问题都具有齐次泛定方程和齐次边界条件，这些定解问题都可以直接采用分离变量法来求解。2.5 节中求解的定解问题具有非齐次泛定方程和齐次边界条件，这些定解问题可以采用特征函数法来求解。2.6 节中求解的定解问题具有非齐次边界条件，在求解这些定解问题时，首先要将非齐次边界条件转化为齐次边界条件。

可以看出，泛定方程和边界条件为齐次或非齐次对应着不同的解法，而无论是具有时间二阶偏导数的波动方程、具有时间一阶导数的热传导方程，还是与时间无关的位势方程，都可以采用同一种方法来求解。虽然 2.2 节到 2.4 节中介绍的方程不同，坐标系不同，但是由于它们的次数相同，因此求解的主要步骤都是一样的。

以上这些结论是针对有界域的，无界域并不适用。这里所说的有界是指对于具有 n 个自变量的偏微分方程，需要 $n-1$ 个自变量的定义域是有界的。例如，一维有界域的波动方程是指一维空间有界，时间不需要有界；二维有界域的热传导方程是指二维空间有界，时间不需要有界；三维有界域的位势方程是指二维空间有界，第三维空间不需要有界。

本章中的解法是建立在三个理论基础之上的，分别为线性方程的叠加性、傅里叶级数和施图姆-刘维尔理论。

线性方程的叠加性可以将一个复杂的问题变为两个或多个简单的问题。例如，对于具有非齐次边界条件的定解问题，将待求函数 u 写为 v 和 w 之和的形式，这样满足非齐次边界条件的 w 和满足齐次边界条件与齐次泛定方程的 v 都可以方便地求出。分离变量法和特征函数法也是采用线性方程的叠加性将方程的解写成无穷多个解叠加的形式的。

傅里叶级数提供了一种叠加的形式，可以采用傅里叶级数将方程的解表示成无穷多项叠加的形式，该形式满足齐次边界条件。在分离变量法中，傅里叶级数的形式满足齐次泛定方程，通过初始条件来求解傅里叶级数的系数，这样，傅里叶级数即满足初始条件。在特征函数法中，通过非齐次泛定方程和初始条件确定了系数函数后，傅里叶级数即满足非齐次泛定方程和初始条件。当提到初始条件时，对于位势方程，指的是另一组边界条件。

施图姆-刘维尔理论给出了一个二阶常微分方程存在特征值和特征函数的条件。只有有了特征函数，才能在求解偏微分方程时使用傅里叶级数。本书中所遇到的特征值问题都满足施图姆-刘维尔理论中的条件。本书省略施图姆-刘维尔理论的具体内容和证明过程。

习题 2

1．求解以下定解问题：

$$\begin{cases}\dfrac{\partial^2 u}{\partial t^2}=10^4\dfrac{\partial^2 u}{\partial x^2}, & 0<x<10,\ t>0\\ u(0,t)=u(10,t)=0, & t>0\\ u(x,0)=\dfrac{x(10-x)}{1000},\ \dfrac{\partial u(x,0)}{\partial t}=0, & 0\leqslant x\leqslant 10\end{cases}$$

2．求解以下定解问题：

$$\begin{cases}\dfrac{\partial^2 u}{\partial t^2}=\dfrac{\partial^2 u}{\partial x^2}, & 0<x<1,\ t>0\\ u(0,t)=u(1,t)=0, & t>0\\ u(x,0)=\sin\pi x,\ \dfrac{\partial u(x,0)}{\partial t}=0, & 0\leqslant x\leqslant 1\end{cases}$$

3．求解以下定解问题：

$$\begin{cases}\dfrac{\partial^2 u}{\partial t^2}=a^2\dfrac{\partial^2 u}{\partial x^2}, & 0<x<l,\ t>0\\ u(0,t)=0,\ u(l,t)=0, & t>0\\ u(x,0)=0,\ \dfrac{\partial u(x,0)}{\partial t}=x(l-x), & 0\leqslant x\leqslant l\end{cases}$$

4．求解以下定解问题：

$$\begin{cases}\dfrac{\partial^2 u}{\partial t^2}=a^2\dfrac{\partial^2 u}{\partial x^2}, & 0<x<l,\ t>0\\ u(0,t)=0,\ \dfrac{\partial u(l,t)}{\partial x}=0, & t>0\\ u(x,0)=\varphi(x),\ \dfrac{\partial u(x,0)}{\partial t}=\psi(x), & 0\leqslant x\leqslant l\end{cases}$$

5．求解以下定解问题：

$$\begin{cases} \dfrac{\partial^2 u}{\partial t^2}=\dfrac{\partial^2 u}{\partial x^2}, & 0<x<1，\ t>0 \\ u(0,t)=\dfrac{\partial u(1,t)}{\partial x}=0, & t>0 \\ u(x,0)=x^2-2x，\ \dfrac{\partial u(x,0)}{\partial t}=0, & 0\leqslant x\leqslant 1 \end{cases}$$

6．求解以下定解问题：

$$\begin{cases} \dfrac{\partial^2 u}{\partial x^2}=a^2\dfrac{\partial^2 u}{\partial t^2}, & 0<x<l，\ t>0 \\ \dfrac{\partial u(0,t)}{\partial x}=\dfrac{\partial u(l,t)}{\partial x}=0, & t>0 \\ u(x,0)=x，\ \dfrac{\partial u(x,0)}{\partial t}=0, & 0\leqslant x\leqslant l \end{cases}$$

7．求解以下定解问题：

$$\begin{cases} \dfrac{\partial u}{\partial t}=a^2\dfrac{\partial^2 u}{\partial x^2}, & 0<x<l，\ t>0 \\ u(0,t)=0，\ u(l,t)=0, & t>0 \\ u(x,0)=\varphi(x), & 0\leqslant x\leqslant l \end{cases}$$

8．求解以下定解问题：

$$\begin{cases} \dfrac{\partial^2 u}{\partial x^2}+\dfrac{\partial^2 u}{\partial y^2}=0, & 0<x<a，\ 0<y<b \\ u(0,y)=u(a,y)=0, & 0<y<b \\ u(x,0)=\varphi(x)，\ u(x,b)=\psi(x), & 0\leqslant x\leqslant a \end{cases}$$

9．求解以下定解问题：

$$\begin{cases} \dfrac{\partial^2 u}{\partial x^2}+\dfrac{\partial^2 u}{\partial y^2}=0, & 0<x<a，\ 0<y<b \\ \dfrac{\partial u(0,y)}{\partial x}=\dfrac{\partial u(a,y)}{\partial x}=0, & 0<y<b \\ u(x,0)=\varphi(x)，\ u(x,b)=\psi(x), & 0\leqslant x\leqslant a \end{cases}$$

10．求解以下定解问题：

$$\begin{cases} \dfrac{\partial^2 u}{\partial x^2}+\dfrac{\partial^2 u}{\partial y^2}=0, & 0<x<a，\ 0<y<+\infty \\ u(0,y)=u(a,y)=0, & 0<y<\infty \\ u(x,0)=\varphi(x)，\ u(x,+\infty)=0, & 0\leqslant x\leqslant a \end{cases}$$

11．求解以下定解问题：

$$\begin{cases} \dfrac{\partial^2 u}{\partial x^2}+\dfrac{\partial^2 u}{\partial y^2}=0, & -a<x<a,\ 0<y<b \\ u(-a,y)=u(a,y)=0, & 0<y<b \\ u(x,0)=\varphi(x),\ u(x,b)=\psi(x), & -a\leqslant x\leqslant a \end{cases}$$

12．求解以下定解问题：

$$\begin{cases} \dfrac{1}{\rho}\dfrac{\partial}{\partial\rho}\left(\rho\dfrac{\partial u}{\partial\rho}\right)+\dfrac{1}{\rho^2}\dfrac{\partial^2 u}{\partial\theta^2}=0, & \rho<\rho_0,\ 0\leqslant\theta\leqslant 2\pi \\ u(\rho_0,\theta)=\cos\theta, & 0\leqslant\theta\leqslant 2\pi \end{cases}$$

13．求解以下定解问题：

$$\begin{cases} \dfrac{1}{\rho}\dfrac{\partial}{\partial\rho}\left(\rho\dfrac{\partial u}{\partial\rho}\right)+\dfrac{1}{\rho^2}\dfrac{\partial^2 u}{\partial\theta^2}=0, & \rho>\rho_0,\ 0\leqslant\theta\leqslant 2\pi \\ u(\rho_0,\theta)=\cos\theta, & 0\leqslant\theta\leqslant 2\pi \end{cases}$$

14．求解以下定解问题：

$$\begin{cases} \dfrac{1}{\rho}\dfrac{\partial}{\partial\rho}\left(\rho\dfrac{\partial u}{\partial\rho}\right)+\dfrac{1}{\rho^2}\dfrac{\partial^2 u}{\partial\theta^2}=0, & a<\rho<b,\ 0\leqslant\theta\leqslant 2\pi \\ u(a,\theta)=0, u(b,\theta)=1, & 0\leqslant\theta\leqslant 2\pi \end{cases}$$

15．求解以下定解问题：

$$\begin{cases} \nabla^2 u=0, & 0<\theta<\alpha,\ \rho<a \\ u(\rho,0)=u(\rho,\alpha)=0, & \rho\leqslant a \\ u(a,\theta)=f(\theta), & 0\leqslant\theta\leqslant\alpha \end{cases}$$

16．求解以下定解问题：

$$\begin{cases} \dfrac{1}{\rho}\dfrac{\partial}{\partial\rho}\left(\rho\dfrac{\partial u}{\partial\rho}\right)+\dfrac{1}{\rho^2}\dfrac{\partial^2 u}{\partial\theta^2}=0, & \rho<1,\ 0<\theta<\pi/3 \\ u(1,\theta)=\sin 6\theta, & 0\leqslant\theta\leqslant\pi/3 \\ u(\rho,0)=u(\rho,\pi/3)=0, & \rho<1 \end{cases}$$

17．求解以下定解问题：

$$\begin{cases} \dfrac{\partial u}{\partial t}=a^2\left(\dfrac{\partial^2 u}{\partial x^2}+\dfrac{\partial^2 u}{\partial y^2}\right), & 0<x<p,\ 0<y<q,\ t>0 \\ u(0,y,t)=u(p,y,t)=0, & 0\leqslant y\leqslant q,\ t>0 \\ u(x,0,t)=u(x,q,t)=0, & 0\leqslant x\leqslant p,\ t>0 \\ u(x,y,0)=\varphi(x,y), & 0<x<p,\ 0<y<q \end{cases}$$

18．求解以下定解问题：

$$\begin{cases} \dfrac{\partial u}{\partial t} = a^2 \dfrac{\partial^2 u}{\partial x^2} - u, & 0 < x < l，\ t > 0 \\ u(0,t) = u(l,t) = 0, & t > 0 \\ u(x,0) = \varphi(x), & 0 \leqslant x \leqslant l \end{cases}$$

19．求解以下定解问题：

$$\begin{cases} \dfrac{\partial^2 u}{\partial t^2} + 2\gamma \dfrac{\partial u}{\partial t} = a^2 \dfrac{\partial^2 u}{\partial x^2}, & 0 < x < l，\ t > 0 \\ u(0,t) = u(l,t) = 0, & t > 0 \\ u(x,0) = \varphi(x),\quad \dfrac{\partial u(x,0)}{\partial t} = \psi(x), & 0 \leqslant x \leqslant l \end{cases}$$

20．求解以下定解问题：

$$\begin{cases} \dfrac{\partial^2 u}{\partial t^2} = a^2 \dfrac{\partial^2 u}{\partial x^2} + \sin\dfrac{2\pi}{l}x \sin\dfrac{2a\pi}{l}t, & 0 < x < l，\ t > 0 \\ u(0,t) = u(l,t) = 0, & t > 0 \\ u(x,0) = 0,\quad \dfrac{\partial u(x,0)}{\partial t} = 0, & 0 \leqslant x \leqslant l \end{cases}$$

21．求解以下定解问题：

$$\begin{cases} \dfrac{\partial^2 u}{\partial t^2} = a^2 \dfrac{\partial^2 u}{\partial x^2} + \sin\dfrac{2\pi}{l}x \sin\omega t, & 0 < x < l，\ t > 0 \\ u(0,t) = u(l,t) = 0, & t > 0 \\ u(x,0) = 0,\quad \dfrac{\partial u(x,0)}{\partial t} = 0, & 0 \leqslant x \leqslant l \end{cases}$$

22．求解以下定解问题：

$$\begin{cases} \dfrac{\partial u}{\partial t} = a^2 \dfrac{\partial^2 u}{\partial x^2} + \sin t, & 0 < x < l，\ t > 0 \\ \dfrac{\partial u(0,t)}{\partial x} = \dfrac{\partial u(l,t)}{\partial x} = 0, & t > 0 \\ u(x,0) = 0, & 0 \leqslant x \leqslant l \end{cases}$$

23．求解以下定解问题：

$$\begin{cases} \dfrac{1}{\rho}\dfrac{\partial}{\partial \rho}\left(\rho \dfrac{\partial u}{\partial \rho}\right) + \dfrac{1}{\rho^2}\dfrac{\partial^2 u}{\partial \theta^2} = -\dfrac{1}{2}\rho^2 \sin 2\theta, & \rho < 1，\ -\infty < \theta < +\infty \\ u(1,\theta) = 0,\quad |u(0,\theta)| < +\infty, & -\infty < \theta < +\infty \\ u(\rho,\theta) = u(\rho,\theta + 2\pi), & \rho \leqslant 1 \end{cases}$$

24．求解以下定解问题：

$$\begin{cases}\dfrac{1}{\rho}\dfrac{\partial}{\partial\rho}\left(\rho\dfrac{\partial u}{\partial\rho}\right)+\dfrac{1}{\rho^2}\dfrac{\partial^2 u}{\partial\theta^2}=12\rho^2\cos 2\theta, & a<\rho<b,\ -\infty<\theta<+\infty\\ u|_{\rho=a}=u|_{\rho=b}=0, & -\infty<\theta<+\infty\\ u(\rho,\theta)=u(\rho,\theta+2\pi), & a\leqslant\rho\leqslant b\end{cases}$$

25．求解以下定解问题：

$$\begin{cases}\dfrac{\partial^2 u}{\partial t^2}=a^2\dfrac{\partial^2 u}{\partial x^2}+p, & 0<x<l,\ t>0\\ u(0,t)=0,\ u(l,t)=0, & t>0\\ u(x,0)=0, & 0\leqslant x\leqslant l\end{cases}$$

26．求解以下定解问题：

$$\begin{cases}\dfrac{\partial^2 u}{\partial t^2}=a^2\dfrac{\partial^2 u}{\partial x^2}+p, & 0<x<l,\ t>0\\ u(0,t)=0,\ u(l,t)=q, & t>0\\ u(x,0)=\dfrac{q}{l}x,\ \dfrac{\partial u(x,0)}{\partial t}=0, & 0\leqslant x\leqslant l\end{cases}$$

27．求解以下定解问题：

$$\begin{cases}\dfrac{\partial u}{\partial t}=a^2\dfrac{\partial^2 u}{\partial x^2}-b^2u, & 0<x<l,\ t>0\\ u(0,t)=0,\ u(l,t)=u_1, & t>0\\ u(x,0)=\dfrac{u_1}{l^2}x^2, & 0\leqslant x\leqslant l\end{cases}$$

28．求解以下定解问题：

$$\begin{cases}\nabla^2 u=f(x,y), & 0<x<a,\ 0<y<b\\ u(0,y)=\varphi_1(y),\ u(a,y)=\varphi_2(y), & 0\leqslant y\leqslant b\\ u(x,0)=\psi_1(x),\ u(x,b)=\psi_2(x), & 0\leqslant x\leqslant a\end{cases}$$

29．求解以下定解问题：

$$\begin{cases}\dfrac{\partial^2 u}{\partial t^2}=a^2\dfrac{\partial^2 u}{\partial x^2}+\sin\dfrac{\pi}{l}x, & 0<x<l,\ t>0\\ u(0,t)=0,\ u(l,t)=0, & t>0\\ u(x,0)=0, & 0\leqslant x\leqslant l\end{cases}$$

30．求解以下定解问题：

$$\begin{cases}\dfrac{\partial u}{\partial t}=a^2\dfrac{\partial^2 u}{\partial x^2}+f(x), & 0<x<l,\ t>0\\ u(0,t)=0,\ u(l,t)=0, & t>0\\ u(x,0)=\varphi(x), & 0\leqslant x\leqslant l\end{cases}$$

詹姆斯·克拉克·麦克斯韦（James Clerk Maxwell，1831-6-13—1879-11-5），英国物理学家、数学家，经典电动力学的创始人。麦克斯韦推导出了电场和磁场的波动方程，预言了电磁波的存在。麦克斯韦被普遍认为是对物理学最有影响力的物理学家之一。没有电磁学就不可能有现代文明。

第3章　行波法

根据物理规律，当没有边界时，由于不存在边界上波的反射，因此波动方程的解不是驻波的形式，而是行波的形式。本章首先采用行波法求解一维无界域内的波动方程，接着采用球平均法推导三维无界域内的波动方程解的形式，然后通过降维给出二维无界域内波动方程解的形式，最后分析无界域内波动方程解的物理意义。

3.1　一维波动方程

描述一维无界域的自由振动问题为初值问题，即

$$\begin{cases}\dfrac{\partial^2 u}{\partial t^2}=a^2\dfrac{\partial^2 u}{\partial x^2}, & -\infty<x<+\infty，\ t>0 \quad (3.1.1a)\\ u(x,0)=\varphi(x),\ \ \dfrac{\partial u(x,0)}{\partial t}=\psi(x), & -\infty<x<+\infty \quad (3.1.1b)\end{cases}$$

在求解该初值问题时，可将式（3.1.1a）变为

$$\left(\frac{\partial}{\partial x}+\frac{1}{a}\cdot\frac{\partial}{\partial t}\right)\left(\frac{\partial}{\partial x}-\frac{1}{a}\cdot\frac{\partial}{\partial t}\right)u=0 \tag{3.1.2}$$

式（3.1.2）中两个括号内的运算均为微分运算。若能找到另外两个微分运算，即

$$\frac{\partial}{\partial \xi}=\frac{\partial}{\partial x}+\frac{1}{a}\cdot\frac{\partial}{\partial t} \tag{3.1.3a}$$

$$\frac{\partial}{\partial \eta}=\frac{\partial}{\partial x}-\frac{1}{a}\cdot\frac{\partial}{\partial t} \tag{3.1.3b}$$

则方程变为

$$\frac{\partial^2 u}{\partial \xi\partial \eta}=\frac{\partial}{\partial \xi}\left(\frac{\partial u}{\partial \eta}\right)=0 \tag{3.1.4}$$

这虽然也是具有两个自变量的二阶偏微分方程，但是其求解非常简单。依次对ξ和η求积分，可得

$$u = f_1(\xi) + f_2(\eta) \tag{3.1.5}$$

可以发现，变量代换

$$\xi = x + at \tag{3.1.6a}$$

$$\eta = x - at \tag{3.1.6b}$$

满足微分关系式（3.1.3）。虽然两者相差一个常系数，但是并不影响齐次方程的结果。因此，式（3.1.5）变为

$$u = f_1(x + at) + f_2(x - at) \tag{3.1.7}$$

式（3.1.7）就是式（3.1.1a）的通解。不同的是，以前的通解中包含的是任意常数，这里面包含的是任意函数。式（3.1.1a）是二阶的，式（3.1.7）包含两个任意函数。也就是说，方程的阶数和任意函数的个数一致。

下面用初始条件式（3.1.1b）来求解这两个任意函数。将式（3.1.7）代入式（3.1.1b）得

$$u(x,0) = f_1(x) + f_2(x) = \varphi(x) \tag{3.1.8a}$$

$$\frac{\partial u(x,0)}{\partial t} = af_1'(x) - af_2'(x) = \psi(x) \tag{3.1.8b}$$

对式（3.1.8b）求积分得

$$f_1(x) - f_2(x) = \frac{1}{a}\int_0^x \psi(\xi)\mathrm{d}\xi + C \tag{3.1.9}$$

联立式（3.1.8a）和式（3.1.9）得

$$f_1(x) = \frac{1}{2}\varphi(x) + \frac{1}{2a}\int_0^x \psi(\xi)\mathrm{d}\xi + \frac{C}{2} \tag{3.1.10a}$$

$$f_2(x) = \frac{1}{2}\varphi(x) - \frac{1}{2a}\int_0^x \psi(\xi)\mathrm{d}\xi - \frac{C}{2} \tag{3.1.10b}$$

将式（3.1.10）代入式（3.1.7）得

$$u = \frac{1}{2}\left[\varphi(x + at) + \varphi(x - at)\right] + \frac{1}{2a}\int_{x-at}^{x+at} \psi(\xi)\mathrm{d}\xi \tag{3.1.11}$$

这就是一维波动方程的达朗贝尔公式。

从式（3.1.11）中可以看出，$u(x,t)$ 的值是由 $x + at$ 和 $x - at$ 两点的初始位移，以及两点之间的初始速度决定的。在式（3.1.7）中，若以 x 为自变量，则 $f_1(x - at)$ 相对于 $f_1(x)$ 在 x 轴上向右移动了 at 的距离。随着时间的推移，移动的距离越大，$f_1(x - at)$ 是向右行进的波，波速为 a。同理，$f_2(x + at)$ 是向左行进的波，波速也为 a。因此，$u(x,t)$ 是由两个行波组成的，我们把这种求解无界域内的波动方程的方法称为行波法，与前面求解有

界域内的波动方程的驻波法相对应。

描述一端固定的半无界域的自由振动问题为

$$\begin{cases}\dfrac{\partial^2 u}{\partial t^2}=a^2\dfrac{\partial^2 u}{\partial x^2}, & x>0,\ t>0 \quad (3.1.12a)\\ u(x,0)=\varphi(x),\ \dfrac{\partial u(x,0)}{\partial t}=\psi(x), & x\geqslant 0 \quad (3.1.12b)\\ u(0,t)=0, & t\geqslant 0 \quad (3.1.12c)\end{cases}$$

若将该问题拓展到无界域，则变为

$$\begin{cases}\dfrac{\partial^2 u}{\partial t^2}=a^2\dfrac{\partial^2 u}{\partial x^2}, & -\infty<x<+\infty,\ t>0 \quad (3.1.13a)\\ u(x,0)=\mu(x),\ \dfrac{\partial u(x,0)}{\partial t}=\nu(x), & -\infty<x<+\infty \quad (3.1.13b)\end{cases}$$

显然，应该有

$$\mu(x)=\varphi(x),\ \nu(x)=\psi(x),\ x\geqslant 0 \tag{3.1.14}$$

对式（3.1.13）应用达朗贝尔公式，并令$x=0$，得

$$u(0,t)=\frac{1}{2}\left[\mu(at)+\mu(-at)\right]+\frac{1}{2a}\int_{-at}^{at}\nu(\xi)\mathrm{d}\xi \tag{3.1.15}$$

为了使式（3.1.15）满足边界条件式（3.1.12c），可取

$$\mu(x)=-\varphi(-x),\ \nu(x)=-\psi(-x),\ x<0 \tag{3.1.16}$$

结合式（3.1.14）和式（3.1.16），当

$$\mu(x)=\begin{cases}\varphi(x), & x\geqslant 0\\ -\varphi(-x), & x<0\end{cases} \tag{3.1.17a}$$

$$\nu(x)=\begin{cases}\psi(x), & x\geqslant 0\\ -\psi(-x), & x<0\end{cases} \tag{3.1.17b}$$

时，式（3.1.13）在$x\geqslant 0$处的解满足式（3.1.12）。由于式（3.1.17）将$\mu(x)$和$\nu(x)$定义为奇函数，因此式（3.1.13）和式（3.1.17）也称为对式（3.1.12）的奇延拓。

描述一端自由的半无界域的自由振动问题为

$$\begin{cases}\dfrac{\partial^2 u}{\partial t^2}=a^2\dfrac{\partial^2 u}{\partial x^2}, & x>0,\ t>0 \quad (3.1.18a)\\ u(x,0)=\varphi(x),\ \dfrac{\partial u(x,0)}{\partial t}=\psi(x), & x\geqslant 0 \quad (3.1.18b)\\ \dfrac{\partial u(0,t)}{\partial x}=0, & t\geqslant 0 \quad (3.1.18c)\end{cases}$$

若将该问题拓展到无界域，则同样为式（3.1.13）。当 $x \geqslant 0$ 时，$\mu(x)$ 和 $\nu(x)$ 同样满足式（3.1.14）。对式（3.1.13）应用达朗贝尔公式，对 x 求偏导数，并令 $x=0$，得

$$\frac{\partial u(0,t)}{\partial x}=\frac{1}{2}\left[\mu'(at)+\mu'(-at)\right]+\frac{1}{2a}\left[\nu(at)-\nu(-at)\right] \tag{3.1.19}$$

为了使式（3.1.19）满足边界条件式（3.1.18c），可取

$$\mu(x)=\varphi(-x),\ \ \nu(x)=\psi(-x),\ \ x<0 \tag{3.1.20}$$

结合式（3.1.14）和式（3.1.20），当

$$\mu(x)=\begin{cases}\varphi(x), & x\geqslant 0\\ \varphi(-x), & x<0\end{cases} \tag{3.1.21a}$$

$$\nu(x)=\begin{cases}\psi(x), & x\geqslant 0\\ \psi(-x), & x<0\end{cases} \tag{3.1.21b}$$

时，式（3.1.13）在 $x \geqslant 0$ 处的解满足式（3.1.18）。由于式（3.1.21）将 $\mu(x)$ 和 $\nu(x)$ 定义为偶函数，因此式（3.1.13）和式（3.1.21）也称为对式（3.1.18）的偶延拓。

3.2　双曲型方程

3.1 节将一维波动方程变换成式（3.1.4）的形式，这个形式可以很方便地通过两次积分来求解。那么，其他形式的偏微分方程是否也可以采用类似的方法来求解呢？

具有两个自变量的二阶线性偏微分方程的一般形式为

$$A\frac{\partial^2 u}{\partial x^2}+B\frac{\partial^2 u}{\partial x\partial y}+C\frac{\partial^2 u}{\partial y^2}+D\frac{\partial u}{\partial x}+E\frac{\partial u}{\partial y}+Fu+G=0 \tag{3.2.1}$$

取变换

$$\xi=\xi(x,y) \tag{3.2.2a}$$

$$\eta=\eta(x,y) \tag{3.2.2b}$$

尝试将式（3.2.1）变换成式（3.1.4）的形式。

采用全微分，将 u 对 x 和 y 的偏导数变为 u 对 ξ 和 η 的偏导数。其中，一阶偏导数为

$$\frac{\partial u}{\partial x}=\frac{\partial u}{\partial \xi}\frac{\partial \xi}{\partial x}+\frac{\partial u}{\partial \eta}\frac{\partial \eta}{\partial x} \tag{3.2.3a}$$

$$\frac{\partial u}{\partial y}=\frac{\partial u}{\partial \xi}\frac{\partial \xi}{\partial y}+\frac{\partial u}{\partial \eta}\frac{\partial \eta}{\partial y} \tag{3.2.3b}$$

进一步可得 u 对 x 和 y 的二阶偏导数。将 u 对 x 和 y 的一阶偏导数与二阶偏导数代入

式（3.2.1）得

$$a\frac{\partial^2 u}{\partial \xi^2}+b\frac{\partial^2 u}{\partial \xi \partial \eta}+c\frac{\partial^2 u}{\partial \eta^2}+d\frac{\partial u}{\partial \xi}+e\frac{\partial u}{\partial \eta}+fu+g=0 \tag{3.2.4}$$

其中

$$a=A\left(\frac{\partial \xi}{\partial x}\right)^2+B\frac{\partial \xi}{\partial x}\frac{\partial \xi}{\partial y}+C\left(\frac{\partial \xi}{\partial y}\right)^2 \tag{3.2.5a}$$

$$b=2A\frac{\partial \xi}{\partial x}\frac{\partial \eta}{\partial x}+B\left(\frac{\partial \xi}{\partial x}\frac{\partial \eta}{\partial y}+\frac{\partial \xi}{\partial y}\frac{\partial \eta}{\partial x}\right)+2C\frac{\partial \xi}{\partial y}\frac{\partial \eta}{\partial y} \tag{3.2.5b}$$

$$c=A\left(\frac{\partial \eta}{\partial x}\right)^2+B\frac{\partial \eta}{\partial x}\frac{\partial \eta}{\partial y}+C\left(\frac{\partial \eta}{\partial y}\right)^2 \tag{3.2.5c}$$

$$d=A\frac{\partial^2 \xi}{\partial x^2}+B\frac{\partial^2 \xi}{\partial x \partial y}+C\frac{\partial^2 \xi}{\partial y^2}+D\frac{\partial \xi}{\partial x}+E\frac{\partial \xi}{\partial y} \tag{3.2.5d}$$

$$e=A\frac{\partial^2 \eta}{\partial x^2}+B\frac{\partial^2 \eta}{\partial x \partial y}+C\frac{\partial^2 \eta}{\partial y^2}+D\frac{\partial \eta}{\partial x}+E\frac{\partial \eta}{\partial y} \tag{3.2.5e}$$

$$f=F \tag{3.2.5f}$$

$$g=G \tag{3.2.5g}$$

为了使式（3.2.4）变换为类似式（3.1.4）的形式，首先要使式（3.2.4）中的 a 和 c 等于零。从式（3.2.5a）和式（3.2.5c）中可以看出，a 和 c 的表达式的形式是一样的。因此，若能求出方程

$$A\left(\frac{\partial \varphi}{\partial x}\right)^2+B\frac{\partial \varphi}{\partial x}\frac{\partial \varphi}{\partial y}+C\left(\frac{\partial \varphi}{\partial y}\right)^2=0 \tag{3.2.6}$$

的两个独立的解，则可以让 ξ 和 η 取这两个解，这样就能让 a 和 c 等于零了。这里要求有两个独立的解，否则，若 ξ 和 η 相同，则变换式（3.2.2）不存在逆变换。

若 $\varphi=\varphi(x,y)$ 是式（3.2.6）的一个解，则沿着 $\varphi(x,y)$ 的任意等高线的全微分，都满足

$$\mathrm{d}\varphi=\frac{\partial \varphi}{\partial x}\mathrm{d}x+\frac{\partial \varphi}{\partial y}\mathrm{d}y=0 \tag{3.2.7}$$

即

$$\frac{\partial \varphi}{\partial x}=-\frac{\mathrm{d}y}{\mathrm{d}x}\frac{\partial \varphi}{\partial y} \tag{3.2.8}$$

将式（3.2.8）代入式（3.2.6）得

$$A\left(\frac{\mathrm{d}y}{\mathrm{d}x}\right)^2 - B\frac{\mathrm{d}y}{\mathrm{d}x} + C = 0 \tag{3.2.9}$$

在得到式（3.2.9）的过程中，需要约去$\frac{\partial\varphi}{\partial y}$。这里认为$\frac{\partial\varphi}{\partial y}\neq 0$是合理的，否则，变换式（3.2.2）不存在逆变换。需要注意的是，式（3.2.6）和式（3.2.9）中第二项的系数互为相反数。

$\varphi(x,y)$在其任意等高线上的值是一个常数。从以上推导过程中可以看出，若$\varphi(x,y)$等于常数是式（3.2.9）的一个解，则$\varphi=\varphi(x,y)$是式（3.2.6）的一个解。

式（3.2.9）是关于$\frac{\mathrm{d}y}{\mathrm{d}x}$的一元二次方程，该方程有两个不相等实根的条件是判别式大于零，即

$$\varDelta = B^2 - 4AC > 0 \tag{3.2.10}$$

这两个不相等的实根为

$$\frac{\mathrm{d}y}{\mathrm{d}x} = \frac{-B \pm \sqrt{B^2 - 4AC}}{2A} \tag{3.2.11}$$

其中，A、B和C可能是常数，也可能是关于x和y的函数。

对式（3.2.11）求积分可得

$$\varphi_1(x,y) = C_1 \tag{3.2.12a}$$

$$\varphi_2(x,y) = C_2 \tag{3.2.12b}$$

因此式（3.2.6）的两个解为

$$\varphi = \varphi_1(x,y) \tag{3.2.13a}$$

$$\varphi = \varphi_2(x,y) \tag{3.2.13b}$$

由此可得，变换

$$\xi = \varphi_1(x,y) \tag{3.2.14a}$$

$$\eta = \varphi_2(x,y) \tag{3.2.14b}$$

可以使式（3.2.5a）和式（3.2.5c）等于 0。这时，式（3.2.4）变换为

$$b\frac{\partial^2 u}{\partial\xi\partial\eta} + d\frac{\partial u}{\partial\xi} + e\frac{\partial u}{\partial\eta} + fu + g = 0 \tag{3.2.15}$$

若d、e、f和g也等于 0，则式（3.2.15）变换为

$$\frac{\partial^2 u}{\partial\xi\partial\eta} = 0 \tag{3.2.16}$$

式（3.2.16）与式（3.1.4）相同，可以很方便地通过两次积分来求解。由于通过式（3.2.9）

可以得到变换式（3.2.14），因此称式（3.2.9）为式（3.2.1）的特征方程。

在上述推导过程中可以发现，当式（3.2.1）的系数满足式（3.2.10）时，它有可能化简为式（3.2.16）的形式。式（3.2.10）与二次曲线的判别式类似。对于二次曲线，即

$$ax^2 + bxy + cy^2 + dx + ey + f = 0 \tag{3.2.17}$$

记

$$\delta = b^2 - 4ac \tag{3.2.18}$$

当$\delta > 0$时，二次曲线为双曲线；当$\delta = 0$时，二次曲线为抛物线；当$\delta < 0$时，二次曲线为椭圆。

采用类似的分类方法，对于式（3.2.1）（偏微分方程），可以采用系数判别式[见式（3.2.10）]来分类：当$\Delta > 0$时，它为双曲型方程；当$\Delta = 0$时，它为抛物型方程；当$\Delta < 0$时，它为椭圆型方程。按照该分类方法，对本书的波动方程、热传导方程和位势方程进行分类，如表 3.2.1 所示。

表 3.2.1　二阶线性偏微分方程的分类

方程名称	方程形式	A	B	C	Δ	方程分类
波动方程	$\frac{\partial^2 u}{\partial t^2} = a^2 \frac{\partial^2 u}{\partial x^2}$	a^2	0	−1	>0	双曲型方程
热传导方程	$\frac{\partial u}{\partial t} = a^2 \frac{\partial^2 u}{\partial x^2}$	a^2	0	0	=0	抛物型方程
位势方程	$\frac{\partial^2 u}{\partial x^2} + \frac{\partial^2 u}{\partial y^2} = 0$	1	0	1	<0	椭圆型方程

在求解形如式（3.2.1）的方程时，首先根据式（3.2.10）判断其是否属于双曲型方程。若是双曲型方程，则根据式（3.2.1）中二阶偏导数的系数写出特征方程式（3.2.9）；接着求解式（3.2.9），得到两个不相关的解，即式（3.2.12）。采用变换式（3.2.14）将式（3.2.1）化简为式(3.2.15)，若其除二阶偏导数之外的系数都为零，则式(3.2.15)变换为式(3.2.16)；然后对式（3.2.16）进行两次积分，得到含有两个任意函数的通解，根据定解条件确定两个任意函数；最后根据式（3.2.14）的逆变换得到原定解问题的解。

例 3.2.1　求解以下定解问题：

$$\begin{cases} \dfrac{\partial^2 u}{\partial x^2} - \dfrac{\partial^2 u}{\partial x \partial y} - 2\dfrac{\partial^2 u}{\partial y^2} = 0, & x > 0,\ -\infty < y < +\infty \quad (3.2.19a) \\ u(0, y) = \dfrac{1}{y^2 + 1},\ \dfrac{\partial u(0, y)}{\partial x} = 0, & -\infty < y < +\infty \quad (3.2.19b) \end{cases}$$

解　首先计算判别式，即

$$\Delta = B^2 - 4AC = \left(-1\right)^2 - 4 \times 1 \times \left(-2\right) = 9 > 0 \tag{3.2.20}$$

可得出式（3.2.19a）为双曲型方程。写出特征方程，即

$$\left(\frac{\mathrm{d}y}{\mathrm{d}x}\right)^2+\frac{\mathrm{d}y}{\mathrm{d}x}-2=0 \tag{3.2.21}$$

它的两个解为

$$y+2x=C_1 \tag{3.2.22a}$$

$$y-x=C_2 \tag{3.2.22b}$$

取变换

$$\xi=y+2x \tag{3.2.23a}$$

$$\eta=y-x \tag{3.2.23b}$$

式（3.2.19a）变为

$$\frac{\partial^2 u}{\partial\xi\partial\eta}=0 \tag{3.2.24}$$

依次对ξ和η进行积分可得

$$u=f_1(\xi)+f_2(\eta) \tag{3.2.25}$$

将式（3.2.23）代入式（3.2.25）得

$$u=f_1(y+2x)+f_2(y-x) \tag{3.2.26}$$

将式（3.2.26）代入定解条件式（3.2.19b）得

$$u(0,y)=\frac{1}{y^2+1}=f_1(y)+f_2(y) \tag{3.2.27a}$$

$$\frac{\partial u(0,y)}{\partial x}=0=-f_1'(y)+2f_2'(y) \tag{3.2.27b}$$

对式（3.2.27b）进行积分得

$$-f_1(y)+2f_2(y)=C \tag{3.2.28}$$

联立式（3.2.27a）和式（3.2.28）得

$$f_1(y)=\frac{2}{3\left(y^2+1\right)}-\frac{C}{3} \tag{3.2.29a}$$

$$f_2(y)=\frac{1}{3\left(y^2+1\right)}+\frac{C}{3} \tag{3.2.29b}$$

将式（3.2.29）代入式（3.2.26）得

$$u=\frac{2}{3\left(y-x\right)^2+3}+\frac{1}{3\left(y+2x\right)^2+3} \tag{3.2.30}$$

如果x为时间量，则从式（3.2.26）和式（3.2.30）中都可以看出，定解问题式（3.2.19）

的解为两列行波，一列是速度为 1 的$+y$ 向行波，另一列是速度为 2 的$-y$ 向行波。当波在各向异性媒质中传播时，可能出现两个方向速度不同的现象，因此，式（3.2.19a）为各向异性材料中的波动方程。由于通过该方法得出的通解为两列行波，因此称该方法为行波法。

例 3.2.2 按照本节的方法求解定解问题式（3.1.1）。为了方便将式（3.1.1）重新写在此处：

$$\begin{cases} \dfrac{\partial^2 u}{\partial t^2} = a^2 \dfrac{\partial^2 u}{\partial x^2}, & -\infty < x < +\infty,\ t > 0 \quad (3.2.31a) \\ u(x,0) = \varphi(x),\quad \dfrac{\partial u(x,0)}{\partial t} = \psi(x), & -\infty < x < +\infty \quad (3.2.31b) \end{cases}$$

解 首先计算判别式

$$\varDelta = B^2 - 4AC = 0^2 - 4\times a^2 \times (-1) = 4a^2 > 0 \tag{3.2.32}$$

可得出式（3.2.31a）为双曲型方程。写出特征方程，即

$$a^2\left(\frac{\mathrm{d}t}{\mathrm{d}x}\right)^2 - 1 = 0 \tag{3.2.33}$$

它的两个解为

$$x + at = C_1 \tag{3.2.34a}$$

$$x - at = C_2 \tag{3.2.34b}$$

取变换

$$\xi = x + at \tag{3.2.35a}$$

$$\eta = x - at \tag{3.2.35b}$$

式（3.2.32a）变换为

$$\frac{\partial^2 u}{\partial \xi \partial \eta} = 0 \tag{3.2.36}$$

可以看出，这里的变换式（3.2.35）和式（3.1.6）的形式相同，不同的是，式（3.2.35）是一步步推导出来的，而式（3.1.6）是试探出来的。后续的求解过程与 3.1 节中的求解过程相同。

3.3 三维波动方程

直角坐标系三维无界域内波动方程的初值问题为

$$\begin{cases} \dfrac{\partial^2 u}{\partial t^2} = a^2\left(\dfrac{\partial^2 u}{\partial x^2}+\dfrac{\partial^2 u}{\partial y^2}+\dfrac{\partial^2 u}{\partial z^2}\right), & -\infty < x,y,z < +\infty,\ t>0 \quad (3.3.1a) \\ u(x,y,z,0)=\varphi(x,y,z), & -\infty < x,y,z < +\infty \quad (3.3.1b) \\ \dfrac{\partial u(x,y,z,0)}{\partial t} = \psi(x,y,z), & -\infty < x,y,z < +\infty \quad (3.3.1c) \end{cases}$$

将式（3.3.1a）转换为球坐标系内的形式，即

$$\frac{1}{a^2}\frac{\partial^2 u}{\partial t^2} = \frac{1}{r^2}\frac{\partial}{\partial r}\left(r^2\frac{\partial u}{\partial r}\right)+\frac{1}{r^2\sin\theta}\frac{\partial}{\partial\theta}\left(\sin\theta\frac{\partial u}{\partial\theta}\right)+\frac{1}{r^2\sin^2\theta}\frac{\partial^2 u}{\partial\varphi^2} \tag{3.3.2}$$

若该初值问题是球对称的，即 u 与 θ 和 φ 无关，则式（3.3.2）简化为

$$\frac{1}{a^2}\frac{\partial^2 u}{\partial t^2} = \frac{1}{r^2}\frac{\partial}{\partial r}\left(r^2\frac{\partial u}{\partial r}\right) \tag{3.3.3}$$

进一步，可转换为

$$\frac{\partial^2(ru)}{\partial t^2} = a^2\frac{\partial^2(ru)}{\partial r^2} \tag{3.3.4}$$

这是关于 ru 的一维波动方程，其通解为

$$ru = f_1(r+at)+f_2(r-at) \tag{3.3.5}$$

或

$$u = \frac{f_1(r+at)+f_2(r-at)}{r} \tag{3.3.6}$$

式（3.3.6）是球对称齐次波动方程的通解，其中，f_1 和 f_2 是两个任意函数，这两个任意函数可以通过球对称的初始条件来确定。

将式（3.3.6）代入球对称的初始条件式得

$$ru(r,0) = f_1(r)+f_2(r) = r\varphi(r) \tag{3.3.7a}$$

$$r\frac{\partial u(r,0)}{\partial t} = af_1'(r)-af_2'(r) = r\psi(r) \tag{3.3.7b}$$

对式（3.3.7b）关于 r 进行积分得

$$f_1(r)-f_2(r) = \frac{1}{a}\int_0^r \xi\psi(\xi)\mathrm{d}\xi + C \tag{3.3.8}$$

由式（3.3.7a）和式（3.3.8）可得

$$f_1(r) = \frac{1}{2}r\varphi(r)+\frac{1}{2a}\int_0^r \xi\psi(\xi)\mathrm{d}\xi+\frac{C}{2} \tag{3.3.9a}$$

$$f_2(r) = \frac{1}{2}r\varphi(r)-\frac{1}{2a}\int_0^r \xi\psi(\xi)\mathrm{d}\xi-\frac{C}{2} \tag{3.3.9b}$$

将式（3.3.9）代入式（3.3.6）得

$$u=\frac{1}{2r}\left[(r+at)\varphi(r+at)+(r-at)\varphi(r-at)\right]+\frac{1}{2ar}\int_{r-at}^{r+at}\xi\psi(\xi)\mathrm{d}\xi \qquad (3.3.10)$$

需要注意的是，当 $r-at<0$ 时，式（3.3.10）中 φ 和 ψ 的自变量是负值。由于初始条件中 φ 和 ψ 的自变量 r 为正值，因此这里需要对 φ 和 ψ 的定义域进行延拓。对于球对称问题，φ 和 ψ 在 r 及其对称点 $-r$ 处的值是相同的，因此可将 φ 和 ψ 进行偶延拓。当 ψ 是偶函数时，$r\psi$ 是奇函数。由于奇函数在对称区间内的积分为零，因此式（3.3.10）中的积分下限也可以写为 $at-r$。

对于非球对称问题，显然，ru 不能满足一维波动方程，这时，可以引入一个函数 $\overline{u}$，即

$$\overline{u}(r,t)=\frac{1}{4\pi r^2}\oint\!\!\oint_{S_r^M}u\mathrm{d}S \qquad (3.3.11)$$

其中，S_r^M 是以 $M(x,y,z)$ 为球心、r 为半径的球面。式（3.3.11）表明，$\overline{u}$ 是 u 在以 M 为球心、r 为半径的球面上的平均值。在后续的推导中，认为 M 为一固定点，显然有

$$u(x,y,z,t)=\lim_{r\to 0}\overline{u}(r,t) \qquad (3.3.12)$$

从 $\overline{u}$ 的定义式（3.3.11）中可以看出，$\overline{u}$ 是一个球对称函数，因此，$r\overline{u}$ 可能满足一维波动方程。下面来证明这一推断。

设 V_r^M 是以 $M(x,y,z)$ 为球心、r 为半径的球域，即 S_r^M 包围的区域。对式（3.3.1a）两端在 V_r^M 上进行积分。对式（3.3.1a）的左边进行积分得

$$\text{左边}=\iiint_{V_r^M}\frac{\partial^2 u}{\partial t^2}\mathrm{d}V=\frac{\partial^2}{\partial t^2}\int_0^r\oint\!\!\oint_{S_\rho^M}u\mathrm{d}S\mathrm{d}\rho=4\pi\frac{\partial^2}{\partial t^2}\int_0^r\rho^2\overline{u}\mathrm{d}\rho \qquad (3.3.13)$$

上式的最后一步应用了式（3.3.11）。 对式（3.3.1a）的右边进行积分得

$$\text{右边}=\iiint_{V_r^M}a^2\nabla^2u\mathrm{d}V=a^2\oint\!\!\oint_{S_r^M}\nabla u\cdot\boldsymbol{n}\mathrm{d}S \qquad (3.3.14)$$

上式的最后一步应用了高斯公式[见式（1.2.38）]。其中，$\boldsymbol{n}$ 为球面 S_r^M 的外法向单位矢量，与 r 的方向一致。因此，式（3.3.14）变换为

$$\begin{aligned}\text{右边}&=a^2\oint\!\!\oint_{S_r^M}\frac{\partial u}{\partial r}\mathrm{d}S=a^2\oint\!\!\oint_{S_1^M}r^2\frac{\partial u}{\partial r}\mathrm{d}S=a^2r^2\frac{\partial}{\partial r}\oint\!\!\oint_{S_1^M}u\mathrm{d}S\\&=a^2r^2\frac{\partial}{\partial r}\left(\frac{1}{r^2}\oint\!\!\oint_{S_r^M}u\mathrm{d}S\right)\end{aligned} \qquad (3.3.15)$$

上式先将积分域从半径为 r 的球面变换为半径为 1 的球面，然后将积分域从半径为 1 的球面变换为半径为 r 的球面。进一步，应用式（3.3.11）可得

$$\text{右边} = 4\pi a^2 r^2 \frac{\partial}{\partial r}\left(\frac{1}{4\pi r^2}\oiint_{S_r^M} u\mathrm{d}S\right) = 4\pi a^2 r^2 \frac{\partial \overline{u}}{\partial r} \tag{3.3.16}$$

根据左右两端相等，得

$$4\pi \frac{\partial^2}{\partial t^2}\int_0^r \rho^2 \overline{u}\mathrm{d}\rho = 4\pi a^2 r^2 \frac{\partial \overline{u}}{\partial r} \tag{3.3.17}$$

对上式两端关于 r 求导得

$$\frac{\partial^2}{\partial t^2}\left(r^2\overline{u}\right) = a^2 \frac{\partial}{\partial r}\left(r^2 \frac{\partial \overline{u}}{\partial r}\right) = a^2\left(2r\frac{\partial \overline{u}}{\partial r} + r^2 \frac{\partial^2 \overline{u}}{\partial r^2}\right) \tag{3.3.18}$$

进一步，得

$$\frac{\partial^2 \left(r\overline{u}\right)}{\partial t^2} = a^2 \frac{\partial^2 \left(r\overline{u}\right)}{\partial r^2} \tag{3.3.19}$$

上式即 $r\overline{u}$ 满足的一维波动方程，其通解为

$$r\overline{u} = f_1\left(r + at\right) + f_2\left(r - at\right) \tag{3.3.20}$$

其中，f_1 和 f_2 是两个任意函数。

下面的任务是采用初始条件来确定式（3.3.20）中的 f_1 和 f_2。由通解式（3.3.20）、初始条件式（3.3.1b）和式（3.3.1c）可得

$$f_1\left(r\right) + f_2\left(r\right) = r\overline{u}\left(r,0\right) = r\overline{\varphi}\left(r\right) \tag{3.3.21a}$$

$$af_1'\left(r\right) - af_2'\left(r\right) = \frac{\partial}{\partial t}\left[r\overline{u}\left(r,0\right)\right] = r\frac{\partial}{\partial t}\left[\overline{u}\left(r,0\right)\right] = r\overline{\psi}\left(r\right) \tag{3.3.21b}$$

其中，$\overline{\varphi}$ 和 $\overline{\psi}$ 的定义与 $\overline{u}$ 的式（3.3.11）相似，即

$$\overline{\varphi}\left(r\right) = \frac{1}{4\pi r^2}\oiint_{S_r^M} \varphi\mathrm{d}S \tag{3.3.22a}$$

$$\overline{\psi}\left(r\right) = \frac{1}{4\pi r^2}\oiint_{S_r^M} \psi\mathrm{d}S \tag{3.3.22b}$$

由式（3.3.21）可得

$$f_1\left(r\right) = \frac{1}{2}r\overline{\varphi}\left(r\right) + \frac{1}{2a}\int_0^r \rho\overline{\psi}\left(\rho\right)\mathrm{d}\rho + \frac{C}{2} \tag{3.3.23a}$$

$$f_2\left(r\right) = \frac{1}{2}r\overline{\varphi}\left(r\right) - \frac{1}{2a}\int_0^r \rho\overline{\psi}\left(\rho\right)\mathrm{d}\rho - \frac{C}{2} \tag{3.3.23b}$$

将式（3.3.23）代入式（3.3.20）得

$$\overline{u} = \frac{1}{2r}\left[\left(r + at\right)\overline{\varphi}\left(r + at\right) + \left(r - at\right)\overline{\varphi}\left(r - at\right)\right] + \frac{1}{2ar}\int_{r-at}^{r+at} \rho\overline{\psi}\left(\rho\right)\mathrm{d}\rho \tag{3.3.24}$$

由于$\overline{\varphi}$和$\overline{\psi}$是球对称函数，因此上式对$\overline{\varphi}$和$\overline{\psi}$进行了偶延拓，以保证$\overline{\varphi}$和$\overline{\psi}$在$r-at<0$时有意义。

根据式（3.3.12），令式（3.3.24）中的$r\to 0$，并利用洛必达法则，得

$$u=\overline{\varphi}(at)+at\overline{\varphi}'(at)+t\overline{\psi}(at)=\frac{1}{a}\frac{\partial}{\partial t}\left[at\overline{\varphi}(at)\right]+t\overline{\psi}(at) \tag{3.3.25}$$

将$\overline{\varphi}$和$\overline{\psi}$的定义式（3.3.22）代入式（3.3.25）得

$$u(M,t)=\frac{1}{4\pi a}\frac{\partial}{\partial t}\oiint_{S_{at}^{M}}\frac{\varphi(\xi,\eta,\zeta)}{at}\mathrm{d}S+\frac{1}{4\pi a}\oiint_{S_{at}^{M}}\frac{\psi(\xi,\eta,\zeta)}{at}\mathrm{d}S \tag{3.3.26}$$

式（3.3.26）称为三维波动方程的泊松公式。在推导过程中，引入了球面平均值$\overline{u}$，使$r\overline{u}$为球对称函数，以方便求解。因此，将这种处理问题的方法称为球面平均值法。

利用球坐标变换，即

$$\xi=x+r\sin\theta\cos\varphi,\quad \eta=y+r\sin\theta\sin\varphi,\quad \zeta=z+r\cos\theta \tag{3.3.27}$$

式（3.3.26）也可以写为

$$\begin{aligned}u(M,t)=&\frac{\partial}{\partial t}\left[\frac{t}{4\pi}\int_0^{2\pi}\int_0^{\pi}\varphi(x+r\sin\theta\cos\varphi,y+r\sin\theta\sin\varphi,z+r\cos\theta)\sin\theta\mathrm{d}\theta\mathrm{d}\varphi\right]+\\&\frac{t}{4\pi}\int_0^{2\pi}\int_0^{\pi}\psi(x+r\sin\theta\cos\varphi,y+r\sin\theta\sin\varphi,z+r\cos\theta)\sin\theta\mathrm{d}\theta\mathrm{d}\varphi\end{aligned} \tag{3.3.28}$$

3.4 二维波动方程

直角坐标系二维无界域内波动方程的初值问题为

$$\begin{cases}\dfrac{\partial^2 u}{\partial t^2}=a^2\left(\dfrac{\partial^2 u}{\partial x^2}+\dfrac{\partial^2 u}{\partial y^2}\right), & -\infty<x,y<+\infty,\ t>0 \quad (3.4.1\text{a})\\ u(x,y,0)=\varphi(x,y), & -\infty<x,y<+\infty \quad (3.4.1\text{b})\\ \dfrac{\partial u(x,y,0)}{\partial t}=\psi(x,y), & -\infty<x,y<+\infty \quad (3.4.1\text{c})\end{cases}$$

由于3.3节已经得到了三维波动方程的泊松公式[见式（3.3.26）]，因此可以将二维问题当作三维问题来求解，只是初始条件与第三维无关。采用式（3.3.26），初值问题式（3.4.1）的解仍然可以写为

$$u(M,t)=\frac{1}{4\pi a}\frac{\partial}{\partial t}\oiint_{S_{at}^{M}}\frac{\varphi(\xi,\eta)}{at}\mathrm{d}S+\frac{1}{4\pi a}\oiint_{S_{at}^{M}}\frac{\psi(\xi,\eta)}{at}\mathrm{d}S \tag{3.4.2}$$

其中，S_{at}^M 是球心为 $M(x,y,z)$、半径为 at 的三维球面，与 3.3 节中的定义一致。

为了将式（3.4.2）变为二维形式，需要将三维球面 S_{at}^M 投影到二维平面 xOy 上。将 S_{at}^M 在二维平面 xOy 上的投影记为 C_{at}^M，C_{at}^M 是圆心为 $(x,y,0)$、半径为 at 的圆域。这里，C_{at}^M 是圆域，并非只是圆周。S_{at}^M 上的点 (ξ,η,ζ) 在 C_{at}^M 上的投影为 $(\xi,\eta,0)$，S_{at}^M 上的面元 $\mathrm{d}S$ 在 C_{at}^M 上的投影为 $\mathrm{d}s$，即

$$\mathrm{d}s=\frac{\sqrt{a^2t^2-(\xi-x)^2-(\eta-y)^2}}{at}\mathrm{d}S \tag{3.4.3}$$

由于 S_{at}^M 的上球面和下球面都在 C_{at}^M 上有投影，因此式（3.4.2）中的球面积分可以写为

$$\oiint_{S_{at}^M}\frac{\varphi(\xi,\eta)}{at}\mathrm{d}S=2\iint_{C_{at}^M}\frac{\varphi(\xi,\eta)}{\sqrt{a^2t^2-(\xi-x)^2-(\eta-y)^2}}\mathrm{d}s \tag{3.4.4}$$

将式（3.4.2）中的第一项积分用式（3.4.4）改写，第二项积分用类似式（3.4.4）的形式改写，则式（3.4.2）变为

$$\begin{aligned}u(M,t)=&\frac{1}{2\pi a}\frac{\partial}{\partial t}\iint_{C_{at}^M}\frac{\varphi(\xi,\eta)}{\sqrt{a^2t^2-(\xi-x)^2-(\eta-y)^2}}\mathrm{d}s+\\&\frac{1}{2\pi a}\iint_{C_{at}^M}\frac{\psi(\xi,\eta)}{\sqrt{a^2t^2-(\xi-x)^2-(\eta-y)^2}}\mathrm{d}s\end{aligned} \tag{3.4.5}$$

这就是二维波动方程的泊松公式。

利用极坐标变换，即

$$\xi=x+\rho\cos\theta,\quad \eta=y+\rho\sin\theta \tag{3.4.6}$$

式（3.4.5）也可以写为

$$\begin{aligned}u(M,t)=&\frac{1}{2\pi a}\frac{\partial}{\partial t}\int_0^{at}\int_0^{2\pi}\frac{\varphi(x+\rho\cos\theta,y+\rho\sin\theta)}{\sqrt{a^2t^2-\rho^2}}\rho\mathrm{d}\theta\mathrm{d}\rho+\\&\frac{1}{2\pi a}\int_0^{at}\int_0^{2\pi}\frac{\psi(x+\rho\cos\theta,y+\rho\sin\theta)}{\sqrt{a^2t^2-\rho^2}}\rho\mathrm{d}\theta\mathrm{d}\rho\end{aligned} \tag{3.4.7}$$

3.5 非齐次波动方程

无界域内的非齐次双曲型方程也可以用行波法来求解。对于以下定解问题：

$$\begin{cases}\dfrac{\partial^2 u}{\partial t^2}=a^2\dfrac{\partial^2 u}{\partial x^2}+f(x,t), & -\infty<x<+\infty,\ t>0 \quad (3.5.1a)\\ u(x,0)=0,\ \dfrac{\partial u(x,0)}{\partial t}=0, & -\infty<x<+\infty \quad (3.5.1b)\end{cases}$$

仍然采用特征变换，即

$$\xi=x+at \tag{3.5.2a}$$

$$\eta=x-at \tag{3.5.2b}$$

其逆变换为

$$x=\frac{\xi+\eta}{2} \tag{3.5.3a}$$

$$t=\frac{\xi-\eta}{2a} \tag{3.5.3b}$$

采用特征变换式（3.5.2）和式（3.5.3），式（3.5.1a）可变为

$$\frac{\partial^2 u}{\partial\xi\partial\eta}=-\frac{1}{4a^2}f\left(\frac{\xi+\eta}{2},\frac{\xi-\eta}{2a}\right) \tag{3.5.4}$$

依次对 ξ 和 η 进行积分可得

$$u(\xi,\eta)=f_1(\xi)+f_2(\eta)-\frac{1}{4a^2}\int^{\xi}\int^{\eta}f\left(\frac{\mu+\nu}{2},\frac{\mu-\nu}{2a}\right)\mathrm{d}\nu\mathrm{d}\mu \tag{3.5.5}$$

将特征变换式（3.5.2）代入式（3.5.5）得

$$u(x,t)=f_1(x+at)+f_2(x-at)-\frac{1}{4a^2}\int_{x-at}^{x+at}\int_{\mu}^{x-at}f\left(\frac{\mu+\nu}{2},\frac{\mu-\nu}{2a}\right)\mathrm{d}\nu\mathrm{d}\mu \tag{3.5.6}$$

在式（3.5.6）中，ν 的积分下限只有不大于 μ 才能保证 $t\geqslant 0$，μ 的积分下限可以随意取值。在式（3.5.6）中，将两者的积分下限分别取为 μ 和 $x-at$ 是为了后续计算方便。积分常数可以并入 f_1 和 f_2。式（3.5.6）为式（3.5.1a）的通解。

式（3.5.6）中积分的积分域在 (μ,ν) 平面上是一个三角形，该三角形的三个顶点分别为 $(x-at,x-at)$、$(x+at,x-at)$ 和 $(x+at,x+at)$。采用坐标变换

$$\mu=\chi+a\tau \tag{3.5.7a}$$

$$\nu=\chi-a\tau \tag{3.5.7b}$$

将积分平面改为 (χ,τ)，则在 (χ,τ) 平面内，积分域三角形的三个顶点分别为 $(x-at,0)$、(x,t) 和 $(x+at,0)$。因此，式（3.5.6）可写为

$$u(x,t)=f_1(x+at)+f_2(x-at)+\frac{1}{2a}\int_0^t\int_{x-a(t-\tau)}^{x+a(t-\tau)}f(\chi,\tau)\mathrm{d}\chi\mathrm{d}\tau \tag{3.5.8}$$

式（3.5.8）中积分项的系数是式（3.5.6）中积分项的系数的 $2a$ 倍，这是因为式（3.5.6）

中积分域的面积是式（3.5.8）中积分域的面积的 $2a$ 倍。

将式（3.5.8）代入初始条件式（3.5.1b）得

$$f_1 = f_2 = 0 \tag{3.5.9}$$

因此，定解问题式（3.5.1）的解为

$$u(x,t) = \frac{1}{2a}\int_0^t \int_{x-a(t-\tau)}^{x+a(t-\tau)} f(\chi,\tau)\mathrm{d}\chi\mathrm{d}\tau \tag{3.5.10}$$

可以采用齐次化原理将非齐次方程转换为齐次方程来求解。定解问题式（3.5.1）表示无限长弦的受迫振动，其中，$f(x,t)$ 的物理意义是单位质量弦所受的外力。弦在 t 时刻的状态是由 t 时刻之前的 $f(x,t)$ 决定的。将 t 时刻之前的 $f(x,t)$ 按照时间表示为一系列前后相继的瞬时力的叠加，即

$$f(x,t) = \sum_{\tau=0}^{t} f(x,t,\tau) \tag{3.5.11}$$

其中

$$f(x,t,\tau) = f(x,t)\left[U(t-\tau) - U(t-\tau-\Delta\tau)\right] \tag{3.5.12}$$

表示从 τ 时刻持续到 $\tau+\Delta\tau$ 时刻的一段瞬时力，U 为阶跃函数。

根据线性方程的叠加性，若定解问题

$$\begin{cases} \dfrac{\partial^2 v}{\partial t^2} = a^2 \dfrac{\partial^2 v}{\partial x^2} + f(x,t,\tau), \quad -\infty < x < +\infty，\ t > 0 & (3.5.13\text{a}) \\ v(x,0) = 0, \quad \dfrac{\partial v(x,0)}{\partial t} = 0, \quad -\infty < x < +\infty & (3.5.13\text{b}) \end{cases}$$

的解为 $v(x,t,\tau)$，则定解问题式（3.5.1）的解为

$$u(x,t) = \sum_{\tau=0}^{t} v(x,t,\tau) \tag{3.5.14}$$

物理上，动量定理表明，物体在一个过程始末的动量变化量等于它在这个过程中所受力的冲量。当 $\Delta\tau \to 0$ 时，在 $(\tau,\tau+\Delta\tau)$ 时间段内，$f(x,t,\tau)$ 为常数，可记为 $f(x,\tau)$。$f(x,\tau)\Delta\tau$ 表示 $f(x,\tau)$ 在 $\Delta\tau$ 内的冲量。根据动量定理，这个冲量引起弦的动量变化量为 $f(x,\tau)\Delta\tau$。由于 f 表示单位质量弦所受的外力，因此动量变化量 $f(x,\tau)\Delta\tau$ 在数值上等于速度变化量。

以上分析表明，$f(x,t,\tau)$ 可以将 τ 时刻处于零状态的弦在 $\tau+\Delta\tau$ 时刻变成位移为零、速度为 $f(x,\tau)\Delta\tau$ 的弦。根据式（3.5.12），在 $\tau+\Delta\tau$ 时刻后，$f(x,t,\tau)$ 为零，因此在 $\tau+\Delta\tau$ 时刻后，式（3.5.13a）为齐次方程。既然在 $\tau+\Delta\tau$ 时刻定解问题式（3.5.13）的方程和状态与定解问题

$$\begin{cases}\dfrac{\partial^2 v}{\partial t^2}=a^2\dfrac{\partial^2 v}{\partial x^2}, & -\infty<x<+\infty,\ t>\tau \quad (3.5.15\text{a})\\ v(x,\tau)=0,\ \dfrac{\partial v(x,\tau)}{\partial t}=f(x,\tau)\Delta\tau, & -\infty<x<+\infty \quad (3.5.15\text{b})\end{cases}$$

相同，那么定解问题式（3.5.13）和定解问题式（3.5.15）的解也相同。这种利用物理上冲量的概念将非齐次定解问题转换为齐次定解问题的方法称为齐次化原理或冲量原理。

根据达朗贝尔公式[见式（3.1.11）]，定解问题

$$\begin{cases}\dfrac{\partial^2 w}{\partial t^2}=a^2\dfrac{\partial^2 w}{\partial x^2}, & -\infty<x<+\infty,\ t>0 \quad (3.5.16\text{a})\\ w(x,0)=0,\ \dfrac{\partial w(x,0)}{\partial t}=f(x,0), & -\infty<x<+\infty \quad (3.5.16\text{b})\end{cases}$$

的解为

$$w(x,t)=\frac{1}{2a}\int_{x-at}^{x+at}f(\chi,0)\mathrm{d}\chi \tag{3.5.17}$$

因此，定解问题式（3.5.15）的解为

$$v(x,t)=\frac{1}{2a}\int_{x-a(t-\tau)}^{x+a(t-\tau)}f(\chi,\tau)\mathrm{d}\chi\Delta\tau \tag{3.5.18}$$

结合式（3.5.14），当$\Delta\tau\to 0$时，将求和变为积分，定解问题式（3.5.1）的解为

$$u(x,t)=\frac{1}{2a}\int_0^t\int_{x-a(t-\tau)}^{x+a(t-\tau)}f(\chi,\tau)\mathrm{d}\chi\mathrm{d}\tau \tag{3.5.19}$$

采用物理方法得到的式（3.5.19）和采用数学方法得到的式（3.5.10）是一致的。

采用齐次化原理，三维非齐次定解问题

$$\begin{cases}\dfrac{\partial^2 u}{\partial t^2}=a^2\left(\dfrac{\partial^2 u}{\partial x^2}+\dfrac{\partial^2 u}{\partial y^2}+\dfrac{\partial^2 u}{\partial z^2}\right)+f(x,y,z,t), & -\infty<x,y,z<+\infty,\ t>0 \quad (3.5.20\text{a})\\ u(x,y,z,0)=\dfrac{\partial u(x,y,z,0)}{\partial t}=0, & -\infty<x,y,z<+\infty \quad (3.5.20\text{b})\end{cases}$$

的解可以表示为

$$u(M,t)=\frac{1}{4\pi a}\int_0^t\oiint_{S_{at}^M}\frac{f(\xi,\eta,\zeta,\tau)}{a(t-\tau)}\mathrm{d}S\mathrm{d}\tau \tag{3.5.21}$$

进行变量代换，令

$$\tau=t-\frac{r}{a} \tag{3.5.22}$$

则式（3.5.21）变为

$$u(M,t)=\frac{1}{4\pi a^2}\int_0^{at}\oiint\limits_{S_{at}^M}\frac{f\left(\xi,\eta,\zeta,t-\dfrac{r}{a}\right)}{r}\mathrm{d}S\mathrm{d}r \tag{3.5.23}$$

可进一步写为

$$u(M,t)=\frac{1}{4\pi a^2}\iiint\limits_{V_{at}^M}\frac{f\left(\xi,\eta,\zeta,t-\dfrac{r}{a}\right)}{r}\mathrm{d}V \tag{3.5.24}$$

类似地，采用齐次化原理，二维非齐次定解问题

$$\begin{cases}\dfrac{\partial^2 u}{\partial t^2}=a^2\left(\dfrac{\partial^2 u}{\partial x^2}+\dfrac{\partial^2 u}{\partial y^2}\right)+f(x,y,t), & -\infty<x,y<+\infty,\ t>0 \quad (3.5.25\text{a})\\ u(x,y,0)=\dfrac{\partial u(x,y,0)}{\partial t}=0, & -\infty<x,y<+\infty \quad (3.5.25\text{b})\end{cases}$$

的解可以表示为

$$u(M,t)=\frac{1}{2\pi a}\int_0^{t}\iint\limits_{C_{at}^M}\frac{f(\xi,\eta,\tau)}{\sqrt{a^2(t-\tau)^2-(\xi-x)^2-(\eta-y)^2}}\mathrm{d}s\mathrm{d}\tau \tag{3.5.26}$$

进行变量代换，令

$$\tau=t-\frac{\rho}{a} \tag{3.5.27}$$

式（3.5.26）变为

$$u(M,t)=\frac{1}{2\pi a^2}\int_0^{at}\iint\limits_{C_{at}^M}\frac{f\left(\xi,\eta,t-\dfrac{\rho}{a}\right)}{\sqrt{\rho^2-(\xi-x)^2-(\eta-y)^2}}\mathrm{d}s\mathrm{d}\rho \tag{3.5.28}$$

3.6　解的物理意义

为了方便，将一维无界域内的波动方程的通解[见式（3.1.7）]和三维球对称无界域内的波动方程的通解[见式（3.3.6）]重新写在这里，即

$$u=f_1(x+at)+f_2(x-at) \tag{3.6.1}$$

$$u=\frac{f_1(r+at)}{r}+\frac{f_2(r-at)}{r} \tag{3.6.2}$$

可以看出，无论是一维还是三维，通解都是两列行波之和。

在式（3.6.1）中，$f_1(x+at)$为沿$-x$向传播的平面波，$f_1(x-at)$为沿$+x$向传播的平面波。在式（3.6.2）中，$\dfrac{f_1(r+at)}{r}$为沿$-r$向传播的球面波，$\dfrac{f_2(r-at)}{r}$为沿$+r$向传播的球面波。

式（3.6.1）中的两列平面波在行进中的幅度是不变的，式（3.6.2）中的两列球面波在行进中的幅度与r成反比，即离球心越远，球面波的幅度越小，这是合理的。对于球对称的情况，球面波在传播的过程中，穿过以原点为球心的任意球面的能量是相同的。由于球面的面积与r^2成正比，因此球面波的能量密度与r^2成反比，故球面波的幅度与r成反比。

对于二维轴对称的波动方程，其通解的性质有类似的结论，将在第6章进行介绍。

为了方便，将一维波动方程初值问题、二维波动方程初值问题和三维波动方程初值问题的解——式（3.1.11）、式（3.4.5）和式（3.3.26）重新写在这里，即

$$u(x,t)=\frac{1}{2}\left[\varphi(x+at)+\varphi(x-at)\right]+\frac{1}{2a}\int_{x-at}^{x+at}\psi(\xi)\mathrm{d}\xi \tag{3.6.3}$$

$$\begin{aligned}u(M,t)=&\frac{1}{2\pi a}\frac{\partial}{\partial t}\iint_{C_{at}^{M}}\frac{\varphi(\xi,\eta)}{\sqrt{a^2t^2-(\xi-x)^2-(\eta-y)^2}}\mathrm{d}s+\\&\frac{1}{2\pi a}\iint_{C_{at}^{M}}\frac{\psi(\xi,\eta)}{\sqrt{a^2t^2-(\xi-x)^2-(\eta-y)^2}}\mathrm{d}s\end{aligned} \tag{3.6.4}$$

$$u(M,t)=\frac{1}{4\pi a}\frac{\partial}{\partial t}\oiint_{S_{at}^{M}}\frac{\varphi(\xi,\eta,\zeta)}{at}\mathrm{d}S+\frac{1}{4\pi a}\oiint_{S_{at}^{M}}\frac{\psi(\xi,\eta,\zeta)}{at}\mathrm{d}S \tag{3.6.5}$$

从式（3.6.5）中可以看出，三维波动方程初值问题的解在M点t时刻的值是由以M点为球心、at为半径的球面上的初值决定的，与这个球面内和球面外的初值无关。换言之，M点处的初始扰动在t时刻会传播到以M点为球心、at为半径的球面上。在t时刻之前，该球面上的状态不受M点处初始扰动的影响；在t时刻之后，M点处的初始扰动会掠过该球面，不再影响该球面的状态。因此，当将初始扰动限制在空间局部范围内时，扰动有清晰的“前锋”与“阵尾”。这种现象在物理学中称为无后效现象。

而一维波动方程的情况则不同。从式（3.6.3）中可以看出，一维波动方程初值问题的解在x点t时刻的值是由$x-at$～$x+at$之间的初值决定的。x点的初始扰动会在t时刻影响$x-at$～$x+at$之间所有点的状态。x点的初始扰动会以速度a在t时刻传播到$x-at$和$x+at$点，因此，一维波的传播同样有清晰的“前锋”。在t时刻之后，x点的初始扰动仍然影响前面提到的两点，因此，一维波的传播没有“阵尾”。

从式（3.6.4）中可以看出，二维波动方程初值问题的解在M点t时刻的值是由以M点为圆心、at为半径的圆面上的初值决定的，虽然其值与圆外的初值无关，但与圆周上

和圆内的初值都有关，即 M 点的初始扰动会在 t 时刻影响以 M 点为圆心、at 为半径的圆面上所有点的状态。M 点的初始扰动会以速度 a 在 t 时刻传播到以 M 点为圆心、at 为半径的圆周上。在 t 时刻之后，M 点的初始扰动仍然影响前面提到的圆周。因此，二维波动方程的情况与一维波动方程的情况类似，即有“前锋”，没有“阵尾”。

图 3.6.1 所示为二维波动问题中波的传播没有“阵尾”的图示，可以解释二维波动问题中波的传播有“前锋”没有“阵尾”的现象。在二维波动问题中，(x_0,y_0)点处的初始扰动对(x,y)点的影响相当于三维波动问题中经过 $M_0(x_0,y_0,0)$点、平行于 z 轴的一条线 l_0 上的均匀扰动对$(x,y,0)$点的影响。线 l_0 上的 $M_0(x_0,y_0,0)$点的初始扰动经过 t_0 时间后最先传递到 $M(x,y,0)$点，因此有“前锋”。线 l_0 上的 $M_1(x_1,y_1,z_1)$点的初始扰动经过 t_1 时间后传递到 $M(x,y,0)$点，显然，$t_1> t_0$。当 $z_1 \to \pm\infty$ 时，$t_1 \to +\infty$，因此没有“阵尾”。因此，二维波动问题中波的传播没有“阵尾”是由于二维波动问题中的点扰动是三维波动问题中的线扰动。同样，一维波动问题中波的传播没有“阵尾”是由于一维波动问题中的点扰动是三维波动问题中的面扰动。

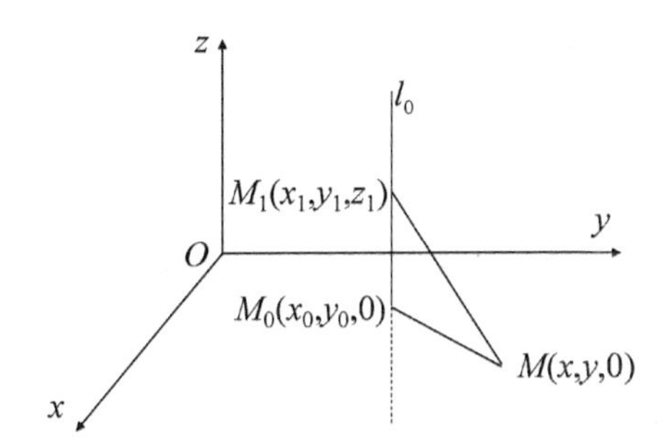

图 3.6.1 二维波动问题中波的传播没有“阵尾”的图示

在 xOt 坐标系中，一维波动方程的解 u 在(x_0,t_0)点处的数值仅依赖 x 轴上$[x_0-at_0, x_0+at_0]$区间的初始条件，因此，该区间称为(x_0,t_0)点的依赖区间，如图 3.6.2 所示。

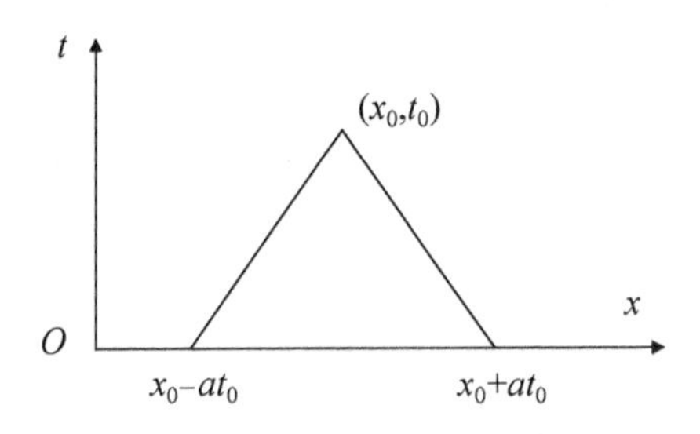

图 3.6.2 一维波动问题的依赖区间

在 x 轴上任取一区间$[x_1, x_2]$，过$(x_1,0)$点和$(x_2,0)$点分别作直线 $x=x_1+at$ 与 $x=x_2-at$，这两条直线和 x 轴构成了一个三角形区域。这个三角形区域内任意一点的依赖区间都落在区间$[x_1,x_2]$内，即区间$[x_1,x_2]$上的初值决定了三角形区域内任意一点的 u 值，因此，称这个三角形区域为区间$[x_1, x_2]$的决定区域，如图 3.6.3 所示。

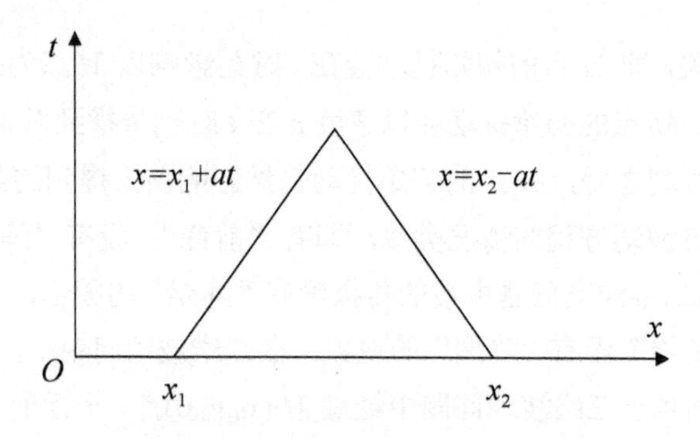

图 3.6.3　一维波动问题的决定区域

过$(x_0,0)$点作直线$x=x_0+at$和$x=x_0-at$。由这两条直线和$t=t_0$围成一个三角形区域。这个三角形区域内所有点的u值都会受到$(x_0,0)$点处初始扰动的影响，因此，称这个三角形区域为x_0在t_0时刻之前的影响区域，如图 3.6.4 所示。

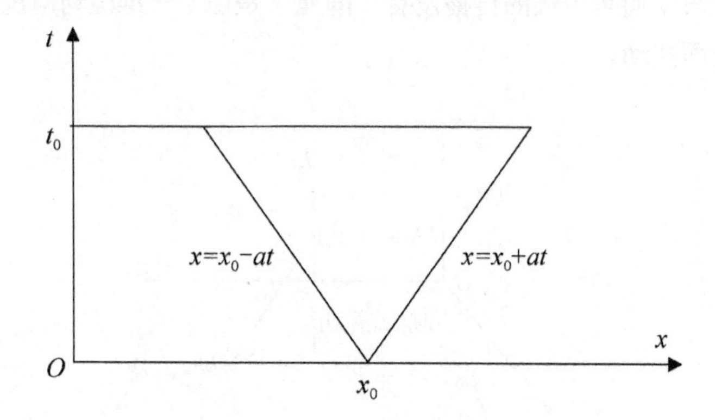

图 3.6.4　一维波动问题的影响区域

由依赖区间、决定区域和影响区域可以看出，两条直线$x\pm at=C$对一维波动方程的解具有重要作用，因此，这两条直线称为一维波动方程的特征线。

在$xOyt$坐标系中，二维波动方程的解u在(x_0,y_0,t_0)点处的数值仅依赖以$M_0(x_0,y_0,0)$点为圆心、at_0为半径的圆域$C_{at_0}^{M_0}$上的初始条件。因此，圆域$C_{at_0}^{M_0}$称为$M_0(x_0,y_0,0)$点的依赖区域，如图 3.6.5 所示。

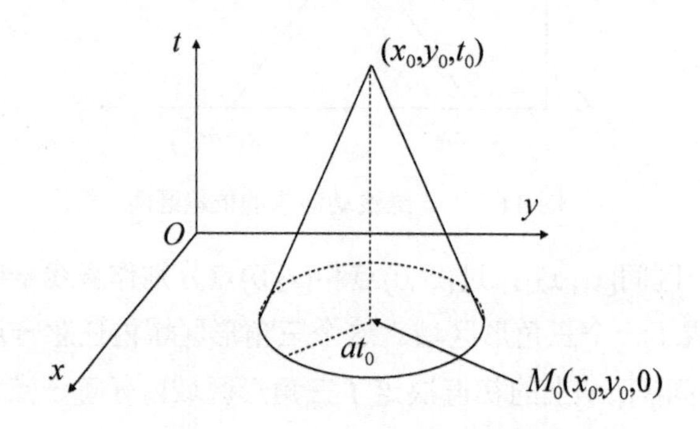

图 3.6.5　二维波动问题的依赖区域

在 xOy 平面上，以 $M_0(x_0,y_0,0)$ 点为圆心、ρ_0 为半径作一圆 $C_{\rho_0}^{M_0}$，以 $C_{\rho_0}^{M_0}$ 为底、$t=\rho_0/a$ 为高作一圆锥。圆锥在 $y=y_0$ 截面的两条母线落在直线 $x=x_0-\rho_0+at$ 和 $x=x_0+\rho_0-at$ 上。这个圆锥区域内任意一点的依赖区间都落在 $C_{\rho_0}^{M_0}$ 上，即 $C_{\rho_0}^{M_0}$ 上的初值决定了这个圆锥区域内任意一点的 u 值。因此，称这个圆锥区域为 $C_{\rho_0}^{M_0}$ 的决定区域，如图 3.6.6 所示。

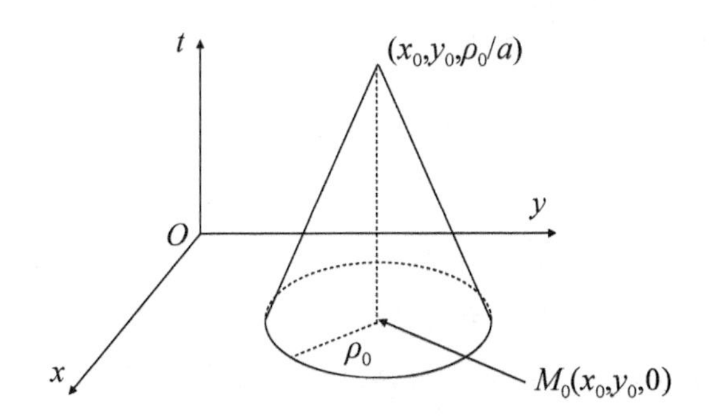

图 3.6.6　二维波动问题的决定区域

以 $M_0\ (x_0,y_0,0)$ 点为顶点、$y=y_0$ 平面内的直线 $x=x_0+at$ 和 $x=x_0-at$ 为母线作一个倒立的圆锥，圆锥的底面位于 $t=t_0$ 平面上。这个圆锥区域内所有点的 u 值都会受 $M_0(x_0,y_0,0)$ 点处初始扰动的影响。因此，称这个圆锥区域为 $M_0(x_0,y_0,0)$ 点在 t_0 时刻之前的影响区域，如图 3.6.7 所示。

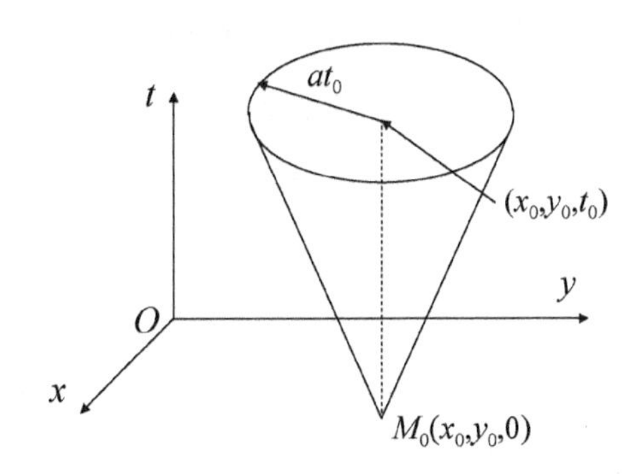

图 3.6.7　二维波动问题的影响区域

从依赖区域、决定区域和影响区域可以看出，以 $C_{at_0}^{M_0}$ 为底面、t_0 为高的锥面对二维波动方程的解具有重要作用，因此，这个锥面称为二维波动方程的特征锥面，特征锥面及其内部称为特征锥。

将一维非齐次波动方程、二维非齐次波动方程和三维非齐次波动方程的零初值问题的解——式（3.5.10）、式（3.5.28）与式（3.5.23）重新写在这里，即

$$\begin{aligned} u(x,t) &= \frac{1}{2a}\int_0^t\int_{x-a(t-\tau)}^{x+a(t-\tau)} f(\chi,\tau)\,\mathrm{d}\chi\,\mathrm{d}\tau \\ &= \frac{1}{2a^2}\int_0^{at}\int_{x-\xi}^{x+\xi} f\left(\chi,t-\frac{\xi}{a}\right)\mathrm{d}\chi\,\mathrm{d}\xi \end{aligned} \tag{3.6.6}$$

$$u(M,t)=\frac{1}{2\pi a^2}\int_0^{at}\iint\limits_{C_{at}^M}\frac{f\left(\xi,\eta,t-\dfrac{\rho}{a}\right)}{\sqrt{\rho^2-(\xi-x)^2-(\eta-y)^2}}\mathrm{d}s\mathrm{d}\rho \tag{3.6.7}$$

$$u(M,t)=\frac{1}{4\pi a^2}\int_0^{at}\oiint\limits_{S_{at}^M}\frac{f\left(\xi,\eta,\zeta,t-\dfrac{r}{a}\right)}{r}\mathrm{d}S\mathrm{d}r \tag{3.6.8}$$

式（3.6.8）表示三维非齐次波动方程的解 u 在 M 点 t 时刻的值是由所有距 M 点距离为 r（$0\leqslant r\leqslant at$）的激励源 f 在 $t-r/a$ 时刻的值决定的，激励源 f 在 $t-r/a$ 时刻的影响以速度 a 传播了距离 r，并在 t 时刻到达了 M 点，激励源影响的滞后时间为 r/a。该积分通常在物理学中用来表示由电荷分布或电流分布（激励源）产生的位函数（非齐次波动方程的解），因此，该积分也称滞后位或推迟势。

与三维非齐次波动方程不同的是，式（3.6.7）中二维非齐次波动方程的解 u 在 M 点 t 时刻的值不仅与所有距 M 点距离为 ρ 的激励源 f 在 $t-\rho/a$ 时刻的值有关，这些位置的激励源影响以速度 a 经过时间 ρ/a 传播了距离 ρ；还与所有距 M 点距离小于 ρ 的激励源 f 在 $t-\rho/a$ 时刻的值有关，这些位置的激励源影响以小于 a 的速度经过时间 ρ/a，传播的距离小于 ρ。这说明在二维中，a 是激励源影响的最大传播速度，最小传播速度为零。速度小于 a 的原因可以用图 3.6.1 来解释。二维中的点源相当于三维中的线源，在三维中，M_0 点和 M_1 点处点源的影响传播到 M 点的速度都是 a，但后者所用的时间较长。M_0 点和 M_1 点在二维中的投影到 M 点的距离是相同的，因此，从二维中看，后者的速度较小。然而，无论速度大小，式（3.6.7）中的积分仍然表示激励源影响的滞后效果，因此，称该积分为滞后位。

一维中的点源是三维中的面源，与二维情况类似，式（3.6.6）中激励源影响滞后的速度最大为 a，也有小于 a 的情况，因此，式（3.6.6）中的积分也称滞后位。

小结

二阶线性偏微分方程从物理上可分为波动方程、热传导方程和位势方程，从数学上可分为双曲型方程、抛物型方程和椭圆型方程。行波法可以用来求解无界域内的双曲型方程。采用行波法可以将双曲型方程的解表示成两列行波的形式。

一维波动方程的达朗贝尔公式具有明确的物理意义。它表明 x 点 t 时刻的位移量由 $x-at$ 和 $x+at$ 两点的初始位移与两点之间的初始速度决定。在达朗贝尔公式中，

$\frac{1}{2}\varphi(x-at)$ 和 $\frac{1}{2a}\int_{x-at}\psi(\xi)\mathrm{d}\xi$ 表示以速度 a 沿 $+x$ 向传播的波，$\frac{1}{2}\varphi(x+at)$ 和 $\frac{1}{2a}\int^{x+at}\psi(\xi)\mathrm{d}\xi$ 表示以速度 a 沿 $-x$ 向传播的波。半无界域内的波动方程可以通过奇延拓或偶延拓扩展到无界域。有界域内的驻波可以认为是由边界上经过无穷多次反射的行波叠加而成的。

对于三维波动方程初值问题，当初始扰动限制在空间局部范围内时，扰动有清晰的“前锋”与“阵尾”。这种现象在物理学中称为无后效现象。二维中的点源相当于三维中的线源，一维中的点源相当于三维中的面源。这样就可以解释二维波动方程和一维波动方程的初值问题对扰动有“前锋”没有“阵尾”的现象。

习题 3

1．求解以下定解问题：

$$\begin{cases}\dfrac{\partial^2 u}{\partial t^2}=a^2\dfrac{\partial^2 u}{\partial x^2}, & -\infty<x<+\infty,\ t>0\\ u(x,0)=\begin{cases}1-|x|, & |x|\leqslant 1\\ 0, & |x|>1\end{cases}\\ \dfrac{\partial u(x,0)}{\partial t}=0, & -\infty<x<+\infty\end{cases}$$

2．求解以下定解问题：

$$\begin{cases}\dfrac{\partial^2 u}{\partial t^2}=a^2\dfrac{\partial^2 u}{\partial x^2}, & -\infty<x<+\infty,\ t>0\\ u(x,0)=0, & -\infty<x<+\infty\\ \dfrac{\partial u(x,0)}{\partial t}=\dfrac{1}{1+x^2}, & -\infty<x<+\infty\end{cases}$$

3．求解以下定解问题：

$$\begin{cases}\dfrac{\partial^2 u}{\partial t^2}=a^2\dfrac{\partial^2 u}{\partial x^2}, & -\infty<x<+\infty,\ t>0\\ u(x,0)=0, & -\infty<x<+\infty\\ \dfrac{\partial u(x,0)}{\partial t}=\begin{cases}0, & |x|>2\\ 1, & |x|\leqslant 2\end{cases}\end{cases}$$

4．求解以下定解问题：

$$\begin{cases}\dfrac{\partial^2 u}{\partial t^2}=a^2\dfrac{\partial^2 u}{\partial x^2}, & -\infty<x<+\infty,\ t>0\\ u(x,0)=\dfrac{1}{1+4x^2}, & -\infty<x<+\infty\\ \dfrac{\partial u(x,0)}{\partial t}=0, & -\infty<x<+\infty\end{cases}$$

5．求解以下定解问题：

$$\begin{cases}\dfrac{\partial^2 u}{\partial t^2}=a^2\dfrac{\partial^2 u}{\partial x^2}, & x>0,\ t>0\\ u(x,0)=\sin x, & x\geqslant 0\\ \dfrac{\partial u(x,0)}{\partial t}=1-\cos x, & x\geqslant 0\\ u(0,t)=0, & t>0\end{cases}$$

6．求解以下定解问题：

$$\begin{cases}\dfrac{\partial^2 u}{\partial t^2}=a^2\dfrac{\partial^2 u}{\partial x^2}, & x>0,\ t>0\\ u(x,0)=x\mathrm{e}^{-x^2}, & x\geqslant 0\\ \dfrac{\partial u(x,0)}{\partial t}=0, & x\geqslant 0\\ u(0,t)=0, & t>0\end{cases}$$

7．求解以下定解问题：

$$\begin{cases}\dfrac{\partial^2 u}{\partial t^2}=4\dfrac{\partial^2 u}{\partial x^2}, & x>0,\ t>0\\ u(x,0)=|\sin x|, & x\geqslant 0\\ \dfrac{\partial u(x,0)}{\partial t}=0, & x\geqslant 0\\ u(0,t)=0, & t>0\end{cases}$$

8．求解以下定解问题：

$$\begin{cases}\dfrac{\partial^2 u}{\partial t^2}=\dfrac{\partial^2 u}{\partial x^2}, & x>0,\ t>0\\ u(x,0)=\cos\dfrac{\pi x}{2}, & x\geqslant 0\\ \dfrac{\partial u(x,0)}{\partial t}=0, & x\geqslant 0\\ \dfrac{\partial u(0,t)}{\partial x}=0, & t>0\end{cases}$$

9．求解以下定解问题：

$$\begin{cases} \dfrac{\partial^2 u}{\partial t^2} = a^2 \dfrac{\partial^2 u}{\partial x^2} + \dfrac{x}{\left(1+x^2\right)^2}, & -\infty < x < +\infty,\ t > 0 \\ u(x,0) = 0, & -\infty < x < +\infty \\ \dfrac{\partial u(x,0)}{\partial t} = 0, & -\infty < x < +\infty \end{cases}$$

10．求解以下定解问题：

$$\begin{cases} \dfrac{\partial^2 u}{\partial x^2} + 2\dfrac{\partial^2 u}{\partial x \partial y} - 3\dfrac{\partial^2 u}{\partial y^2} = 0, & y > 0,\ -\infty < x < +\infty \\ u(x,0) = \mathrm{e}^{-x^2},\ \dfrac{\partial u(x,0)}{\partial y} = 0, & -\infty < x < +\infty \end{cases}$$

11．求解以下定解问题：

$$\begin{cases} \dfrac{\partial^2 u}{\partial x^2} - \dfrac{\partial^2 u}{\partial x \partial y} - 2\dfrac{\partial^2 u}{\partial y^2} = 0, & x > 0,\ -\infty < y < +\infty \\ u(0,y) = \dfrac{1}{y^2+1},\ \dfrac{\partial u(0,y)}{\partial x} = 0, & -\infty < y < +\infty \end{cases}$$

12．求解以下定解问题：

$$\begin{cases} \dfrac{\partial^2 u}{\partial t^2} = \dfrac{\partial^2 u}{\partial x^2}, & -t < x < t,\ t > 0 \\ u(x,-x) = \varphi(x), & x \leqslant 0 \\ u(x,x) = \psi(x), & x \geqslant 0 \end{cases}$$

13．求解以下定解问题：

$$\begin{cases} \dfrac{\partial^2 u}{\partial t^2} = \dfrac{\partial^2 u}{\partial x^2} + \dfrac{\partial^2 u}{\partial y^2} + \dfrac{\partial^2 u}{\partial z^2}, & -\infty < x,y < +\infty,\ z > 0,\ t > 0 \\ u(x,y,z,0) = \varphi(x,y,z), & -\infty < x,y < +\infty,\ z > 0 \\ \dfrac{\partial u(x,y,z,0)}{\partial t} = \psi(x,y,z), & -\infty < x,y < +\infty,\ z > 0 \\ \dfrac{\partial u(x,y,0,t)}{\partial z} = 0, & -\infty < x,y < +\infty,\ t > 0 \end{cases}$$

皮埃尔·西蒙·拉普拉斯（Pierre Simon Laplace，1749-3-23—1827-3-5），法国天文学家、数学家。拉普拉斯求得天体对其外任一质点的引力分量可以用一个势函数来表示，这个势函数满足一个偏微分方程，即著名的拉普拉斯方程。另外，拉普拉斯还提出了拉普拉斯变换。

第 4 章　积分变换法

所谓积分变换，就是指通过参变量积分将一个已知函数变为另一个函数。积分变换无论在数学理论或其应用中，都是一种非常有用的工具。通过函数的积分变换，可以把微分运算转化为代数运算，使问题的求解得到简化。积分变换法常用于求解无界域或半无界域内的线性微分方程。积分变换的内容丰富，本章只介绍数学物理方程中常用的傅里叶变换和拉普拉斯变换。

4.1　傅里叶变换

积分

$$F(k)=\int_{-\infty}^{+\infty} f(x)\mathrm{e}^{-\mathrm{j}kx}\,\mathrm{d}x \tag{4.1.1}$$

称为 $f(x)$ 的傅里叶变换，记为

$$F(k)=\mathscr{F}\left[f(x)\right] \tag{4.1.2}$$

积分

$$f(x)=\frac{1}{2\pi}\int_{-\infty}^{+\infty} F(k)\mathrm{e}^{\mathrm{j}kx}\,\mathrm{d}k \tag{4.1.3}$$

称为 $F(k)$ 的傅里叶逆变换，记为

$$f(x)=\mathscr{F}^{-1}\left[F(k)\right] \tag{4.1.4}$$

$f(x)$ 和 $F(k)$ 是一组傅里叶变换对，$F(k)$ 是 $f(x)$ 的象函数，$f(x)$ 是 $F(k)$ 的象原函数，$\mathrm{e}^{-\mathrm{j}kx}$ 是傅里叶变换的核函数。附录 A 中给出了常用的傅里叶变换对。

象原函数可以是以位置 x 为自变量的 $f(x)$，常记其傅里叶变换的象函数为 $F(k)$。若象原函数是以时间 t 为自变量的 $f(t)$，则常记其傅里叶变换的象函数为 $F(\omega)$。若 $f(t)$ 为随时间 t 变化的实信号，可以认为该信号是由不同频率的单频信号叠加而成的，则 $F(\omega)$ 表示不同角频率 ω 信号的强度和相位，是随角频率变化的复信号。$f(t)$ 和 $F(\omega)$ 含有相同

的信息量，只是从不同的域观察同一信号的结果。$f(t)$ 为信号在时域的表示形式，其傅里叶变换的象函数 $F(\omega)$ 为同一信号在频域的表示形式。若 t 的单位为 s，则 ω 的单位为 s^{-1}，即每秒变化的周期数。类似地，若 $f(x)$ 为随位置 x 变化的信号，则其傅里叶变换的象函数 $F(k)$ 为随空间角频率 k 变换的信号，称 $f(x)$ 为信号在空域的表示形式，$F(k)$ 为信号在空间角频率域的表示形式，或者在谱域的表示形式。若 x 的单位为 m，则 k 的单位为 m^{-1}，即每米变化的周期数。

傅里叶变换常用的性质如下。

（1）线性性质：

$$\mathcal{F}\left[c_1 f_1(x)+c_2 f_2(x)\right]=c_1 F_1(k)+c_2 F_2(k) \tag{4.1.5}$$

$$\mathcal{F}^{-1}\left[c_1 F_1(k)+c_2 F_2(k)\right]=c_1 f_1(x)+c_2 f_2(x) \tag{4.1.6}$$

（2）尺度变换性质：

$$\mathcal{F}\left[f(cx)\right]=\frac{1}{|c|}F\left(\frac{k}{c}\right) \tag{4.1.7}$$

（3）时移性质：

$$\mathcal{F}\left[f(x-\xi)\right]=F(k)\mathrm{e}^{-\mathrm{j}k\xi} \tag{4.1.8}$$

（4）频移性质：

$$\mathcal{F}\left[f(x)\mathrm{e}^{\mathrm{j}k_0 x}\right]=F(k-k_0) \tag{4.1.9}$$

（5）时域卷积性质：

$$\mathcal{F}\left[f(x)*g(x)\right]=F(k)G(k) \tag{4.1.10}$$

（6）频域卷积性质：

$$2\pi\mathcal{F}\left[f(x)g(x)\right]=F(k)*G(k) \tag{4.1.11}$$

（7）时域微分性质：

$$\mathcal{F}\left[f'(x)\right]=\mathrm{j}kF(k) \tag{4.1.12}$$

$$\mathcal{F}\left[f''(k)\right]=-k^2F(k) \tag{4.1.13}$$

（8）频域微分性质：

$$\mathcal{F}\left[xf(x)\right]=-\frac{\mathrm{d}F(k)}{\mathrm{d}(\mathrm{j}k)} \tag{4.1.14}$$

（9）时域积分性质：

$$\mathcal{F}\left[\int_{-\infty}^{x} f(\xi)\mathrm{d}\xi\right]=\frac{F(k)}{\mathrm{j}k}+\pi F(0)\delta(k) \tag{4.1.15}$$

（10）频域积分性质：

$$\mathcal{F}\left[\frac{f(x)}{-\mathrm{j}x}+\pi f(0)\delta(x)\right]=\int_{-\infty}^{+\infty}F(k)\mathrm{d}k \tag{4.1.16}$$

本章后面会利用这些性质来求解微分方程，这里省略这些性质的证明过程。

4.2 拉普拉斯变换

积分

$$F(s)=\int_{0}^{+\infty}f(t)\mathrm{e}^{-st}\,\mathrm{d}t \tag{4.2.1}$$

称为 $f(t)$ 的拉普拉斯变换，记为

$$F(s)=\mathcal{L}[f(t)] \tag{4.2.2}$$

其中，复角频率 $s=\sigma+\mathrm{j}\omega$；积分

$$f(t)=\frac{1}{2\pi\mathrm{j}}\int_{\sigma-\mathrm{j}\infty}^{\sigma+\mathrm{j}\infty}F(s)\mathrm{e}^{st}\,\mathrm{d}s \tag{4.2.3}$$

称为 $F(s)$ 的拉普拉斯逆变换，记为

$$f(t)=\mathcal{L}^{-1}[F(s)] \tag{4.2.4}$$

$f(t)$ 和 $F(s)$ 是一组拉普拉斯变换对，$F(s)$ 是 $f(t)$ 的象函数，$f(t)$ 是 $F(s)$ 的象原函数，e^{-st} 是拉普拉斯变换的核函数。附录 B 给出了常用的拉普拉斯变换对。

傅里叶变换[见式（4.1.1）]和拉普拉斯变换[见式（4.2.1）]是很类似的，都是象原函数与核函数相乘的积分。两种积分变换之间有两处差别：一处差别是傅里叶变换的积分域为 $(-\infty,+\infty)$，而拉普拉斯变换的积分域为 $(0,+\infty)$，这是由于很多因果系统是从时间 t=0 开始定义的，t<0 无意义；另一处差别是傅里叶变换的核函数中采用了角频率 ω，而拉普拉斯变换的核函数中采用了复角频率 $\sigma+\mathrm{j}\omega$，这是由于傅里叶变换可能出现不满足完全可积的情况，而当 σ 足够大时，若 $f(t)$ 在有限区间内可积，则象原函数 $f(t)$ 与核函数 $\mathrm{e}^{-(\sigma+\mathrm{j}\omega)t}$ 相乘总会满足完全可积的条件。

拉普拉斯变换常用的性质如下。

（1）线性性质：

$$\mathcal{L}[c_1f_1(t)+c_2f_2(t)]=c_1F_1(s)+c_2F_2(s) \tag{4.2.5}$$

$$\mathcal{L}^{-1}[c_1F_1(\omega)+c_2F_2(\omega)]=c_1f_1(x)+c_2f_2(x) \tag{4.2.6}$$

（2）尺度变换性质：

$$\mathcal{L}[f(ct)]=\frac{1}{|c|}F\left(\frac{s}{c}\right) \tag{4.2.7}$$

（3）时移性质：

$$\mathcal{L}[f(t-\tau)]=F(s)\mathrm{e}^{-s\tau} \tag{4.2.8}$$

（4）频移性质：

$$\mathcal{L}\left[f(t)\mathrm{e}^{s_0 t}\right]=F(s-s_0) \tag{4.2.9}$$

（5）时域卷积性质：

$$\mathcal{L}[f(t)*g(t)]=F(s)G(s) \tag{4.2.10}$$

（6）频域卷积性质：

$$2\pi\mathcal{L}[f(t)g(t)]=F(s)*G(s) \tag{4.2.11}$$

（7）时域微分性质：

$$\mathcal{L}[f'(t)]=sF(s)-f(0) \tag{4.2.12}$$

$$\mathcal{L}[f''(t)]=p^2F(s)-sf(0)-f'(0) \tag{4.2.13}$$

（8）频域微分性质：

$$\mathcal{L}[tf(t)]=-F'(s) \tag{4.2.14}$$

（9）时域积分性质：

$$\mathcal{L}\left[\int_0^t f(\tau)\mathrm{d}\tau\right]=\frac{F(s)}{s} \tag{4.2.15}$$

（10）频域积分性质：

$$\mathcal{L}\left[\frac{f(t)}{t}\right]=\int_s^{+\infty}F(\alpha)\mathrm{d}\alpha \tag{4.2.16}$$

本章后面会利用这些性质来求解微分方程，这里省略这些性质的证明过程。

4.3　用积分变换法求解微分方程

积分变换的时域微分性质——式（4.1.12）和式（4.2.12）可以将微分方程中未知函数的导数变成未知函数的频域形式，因此可以用来对微分方程进行降元。例如，含有两个自变量的偏微分方程经过一次积分变换可以变成常微分方程，再经过一次积分变换就不是微分方程了。

2.5 节曾采用常数变异法求解非齐次常微分方程式（2.5.10）。这里可以采用积分变换法进行求解。为了方便，这里重写该非齐次常微分方程：

$$T_n''(t)+a^2\frac{n^2\pi^2}{l^2}T_n(t)-f_n(t)=0 \tag{4.3.1}$$

初始条件为

$$T_n(0)=T_n'(0)=0 \tag{4.3.2}$$

对 $f_n(t)$、$T_n(t)$ 和 $T_n''(t)$ 分别进行拉普拉斯变换，得

$$\mathcal{L}\left[f_n(t)\right]=F_n(s) \tag{4.3.3}$$

$$\mathcal{L}\left[T_n(t)\right]=\overline{T}_n(s) \tag{4.3.4}$$

$$\mathcal{L}\left[T_n''(t)\right]=s^2\overline{T}_n(s)-sT_n(0)-T_n'(0)=s^2\overline{T}_n(s) \tag{4.3.5}$$

因此，式（4.3.1）的拉普拉斯变换为

$$s^2\overline{T}_n(s)+a^2\frac{n^2\pi^2}{l^2}\overline{T}_n(s)-F_n(s)=0 \tag{4.3.6}$$

可得

$$\overline{T}_n(s)=\frac{F_n(s)}{s^2+\dfrac{a^2n^2\pi^2}{l^2}} \tag{4.3.7}$$

由附录 B 可知，有

$$\mathcal{L}(\sin kt)=\frac{k}{s^2+k^2} \tag{4.3.8}$$

根据式（4.2.7），即拉普拉斯变换的尺度变换性质，得

$$\mathcal{L}\left(\frac{l}{n\pi a}\sin\frac{n\pi a}{l}t\right)=\frac{1}{s^2+a^2\dfrac{n^2\pi^2}{l^2}} \tag{4.3.9}$$

根据式（4.2.10）（时域卷积性质），对式（4.3.7）进行拉普拉斯逆变换，得

$$\begin{aligned}T_n(t)&=\frac{l}{n\pi a}\sin\frac{n\pi a}{l}t*f_n(t)\\&=\frac{l}{n\pi a}\int_0^t f_n(\tau)\sin\frac{n\pi a(t-\tau)}{l}\mathrm{d}\tau\end{aligned} \tag{4.3.10}$$

该解与式（2.5.23）一致。

在 3.1 节中，采用行波法求解出来的定解问题式（3.1.1）也可以用积分变换法来求解。为了方便，将定解问题式（3.1.1）重写在这里，即

$$\begin{cases}\dfrac{\partial^2 u}{\partial t^2}=a^2\dfrac{\partial^2 u}{\partial x^2}, & -\infty<x<+\infty,\ t>0 \quad (4.3.11a)\\ u(x,0)=\varphi(x),\ \dfrac{\partial u(x,0)}{\partial t}=\psi(x), & -\infty<x<+\infty \quad (4.3.11b)\end{cases}$$

对式（4.3.11）关于 x 进行傅里叶变换，即

$$\begin{cases}\dfrac{\mathrm{d}^2 U(k,t)}{\mathrm{d}t^2}=-a^2k^2U(k,t), & t>0 \quad (4.3.12a)\\ U(k,0)=\Phi(k),\ \dfrac{\mathrm{d}U(k,0)}{\mathrm{d}t}=\Psi(k) & \quad (4.3.12b)\end{cases}$$

在式（4.3.12a）中，谱域内的未知函数 $U(k,t)$ 被认为只有一个自变量 t，这里 k 被认为是一个参变量。式（4.3.12a）为齐次常微分方程，其通解为

$$U(k,t)=A\cos akt+B\sin akt \tag{4.3.13}$$

利用初始条件式（4.3.12b）可得

$$U(k,t)=\Phi(k)\cos akt+\frac{\Psi(k)}{ak}\sin akt \tag{4.3.14}$$

采用欧拉公式

$$\mathrm{e}^{\mathrm{j}x}=\cos x+\mathrm{j}\sin x \tag{4.3.15}$$

可将式（4.3.14）变为

$$U(k,t)=\frac{1}{2}\left[\Phi(k)\mathrm{e}^{\mathrm{j}akt}+\Phi(k)\mathrm{e}^{-\mathrm{j}akt}\right]+\frac{1}{2a}\left[\frac{\Psi(k)}{\mathrm{j}k}\mathrm{e}^{\mathrm{j}akt}-\frac{\Psi(k)}{\mathrm{j}k}\mathrm{e}^{-\mathrm{j}akt}\right] \tag{4.3.16}$$

利用傅里叶变换的时移性质[式(4.1.8)]和时域积分性质[式(4.1.15)]，对式(4.3.16)进行傅里叶逆变换，得

$$\begin{aligned}u(x,t)&=\frac{1}{2}\left[\varphi(x+at)+\varphi(x-at)\right]+\frac{1}{2a}\left[\int_{-\infty}^{x+at}\psi(\xi)\mathrm{d}\xi-\int_{-\infty}^{x-at}\psi(\xi)\mathrm{d}\xi\right]\\&=\frac{1}{2}\left[\varphi(x+at)+\varphi(x-at)\right]+\frac{1}{2a}\int_{x-at}^{x+at}\psi(\xi)\mathrm{d}\xi\end{aligned} \tag{4.3.17}$$

与行波法得到的达朗贝尔公式[见式（3.1.11）]是一样的。

上面对式（4.3.1）采用了拉普拉斯变换，对式（4.3.11）采用了傅里叶变换。在选择积分变换类型时，需要考虑以下三方面。

（1）自变量的定义域。傅里叶变换定义在无界域，拉普拉斯变换定义在半无界域。由于式（4.3.1）的定义域为 $(0,+\infty)$，因此不能使用傅里叶变换；式（4.3.11）中 x 的取值范围为 $(-\infty,+\infty)$，因此不能关于 x 使用拉普拉斯变换。

（2）初值的个数。拉普拉斯变换需要阶数个初值。式（4.3.2）给出了式（4.3.1）的

两个初值，满足拉普拉斯变换对初值个数的要求。

（3）若两个变换都可以，则选择简单的积分变换类型。式（4.3.11）中 t 的取值范围为 $(0,+\infty)$，并且该式具有两个初值，满足关于 t 取拉普拉斯变换的要求。但是，若对式（4.3.11）关于 t 取拉普拉斯变换，则方程将变为非齐次方程，难度增大。

3.5 节用了两种方法求解定解问题式（3.5.1）。该定解问题也可以用积分变换法来求解。为了方便，将该定解问题重新写在这里，即

$$\begin{cases}\dfrac{\partial^2 u}{\partial t^2}=a^2\dfrac{\partial^2 u}{\partial x^2}+f(x,t), \quad -\infty<x<+\infty,\ t>0 & \text{(4.3.18a)}\\ u(x,0)=0,\ \dfrac{\partial u(x,0)}{\partial t}=0, \quad -\infty<x<+\infty & \text{(4.3.18b)}\end{cases}$$

式（4.3.18）是关于 t 的二阶微分方程，t 的取值范围为 $(0,+\infty)$，且该方程具有两个初值，因此，可以关于 t 取拉普拉斯变换。式（4.3.18）也是关于 x 的微分方程，x 的取值范围为 $(-\infty,+\infty)$，因此，可以关于 x 取傅里叶变换。无论选择哪种变换，方程都是非齐次的，求解的难度相同。

首先关于 x 取傅里叶变换，得

$$\frac{\mathrm{d}^2 U(k,t)}{\mathrm{d}t^2}=-a^2k^2U(k,t)+F(k,t) \tag{4.3.19}$$

进一步，关于 t 取拉普拉斯变换，得

$$s^2\bar{U}(k,s)=-a^2k^2\bar{U}(k,s)+\bar{F}(k,s) \tag{4.3.20}$$

可得

$$\bar{U}(k,s)=\frac{\bar{F}(k,s)}{s^2+a^2k^2} \tag{4.3.21}$$

由附录 B 可知

$$\mathcal{L}(\sin at)=\frac{a}{s^2+a^2} \tag{4.3.22}$$

根据拉普拉斯变换的线性性质[见式（4.2.5）]，得

$$\mathcal{L}\left[\frac{1}{ak}\sin(akt)\right]=\frac{1}{s^2+a^2k^2} \tag{4.3.23}$$

根据拉普拉斯变换的时域卷积性质[见式（4.2.10）]，式（4.3.21）的拉普拉斯逆变换为

$$U(k,t)=F(k,t)*\frac{1}{ak}\sin(akt)=\frac{1}{ak}\int_0^t F(k,\tau)\sin\left[ak(t-\tau)\right]\mathrm{d}\tau \tag{4.3.24}$$

利用欧拉公式，式（4.3.24）变为

$$U(k,t)=\frac{1}{2\mathrm{j}ak}\int_0^t F(k,\tau)\left[\mathrm{e}^{\mathrm{j}ak(t-\tau)}-\mathrm{e}^{-\mathrm{j}ak(t-\tau)}\right]\mathrm{d}\tau \tag{4.3.25}$$

根据傅里叶变换的时移性质[见式（4.1.8）]，得

$$\mathcal{F}^{-1}\left[F(k,\tau)\mathrm{e}^{-\mathrm{j}ak(t-\tau)}\right]=f\left[x-a(t-\tau),\tau\right] \tag{4.3.26}$$

进一步，根据傅里叶变换的时域积分性质[见式（4.1.15）]，得

$$\begin{aligned}\mathcal{F}^{-1}\left[\frac{1}{\mathrm{j}k}F(k,\tau)\mathrm{e}^{-\mathrm{j}ak(t-\tau)}\right]&=\int_{-\infty}^{x}f\left[\xi-a(t-\tau),\tau\right]\mathrm{d}\xi\\&=\int_{-\infty}^{x-a(t-\tau)}f(\chi,\tau)\mathrm{d}\chi\end{aligned} \tag{4.3.27}$$

根据式（4.3.27），可得式（4.3.25）的傅里叶逆变换为

$$\begin{aligned}u(x,t)&=\frac{1}{2a}\int_0^t\left[\int_{-\infty}^{x+a(t-\tau)}f(\chi,\tau)\mathrm{d}\chi-\int_{-\infty}^{x-a(t-\tau)}f(\chi,\tau)\mathrm{d}\chi\right]\mathrm{d}\tau\\&=\frac{1}{2a}\int_0^t\int_{x-a(t-\tau)}^{x+a(t-\tau)}f(\chi,\tau)\mathrm{d}\chi\mathrm{d}\tau\end{aligned} \tag{4.3.28}$$

该式与式（3.5.10）和式（3.5.19）是一样的。

对于定义在半无界域内的热传导方程定解问题，即

$$\begin{cases}\dfrac{\partial u}{\partial t}=a^2\dfrac{\partial^2 u}{\partial x^2}, & x>0，t>0 \quad (4.3.29\text{a})\\ u(0,t)=0, & t\geqslant 0 \quad (4.3.29\text{b})\\ u(x,0)=\varphi(x), & x>0 \quad (4.3.29\text{c})\end{cases}$$

虽然可以关于 t 取拉普拉斯变换，但变换之后方程会变成非齐次方程，增加了求解难度。x 定义在半无界域上，不能关于 x 直接取傅里叶变换。若采用类似求解定解问题式(3.1.12）的方法，对定解问题式（4.3.29）进行奇延拓，则可以将 x 扩展到整个无界域。在奇延拓后，定解问题式（4.3.29）变为

$$\begin{cases}\dfrac{\partial U}{\partial t}=a^2\dfrac{\partial^2 U}{\partial x^2}, & -\infty<x<+\infty，t>0 \quad (4.3.30\text{a})\\ U(x,0)=\Phi(x), & -\infty<x<+\infty \quad (4.3.30\text{b})\end{cases}$$

其中

$$U(x,t)=\begin{cases}u(x,t), & x\geqslant 0\\ -u(-x,t), & x<0\end{cases} \tag{4.3.31a}$$

$$\Phi(x)=\begin{cases}\varphi(x), & x\geqslant 0\\ -\varphi(-x), & x<0\end{cases} \tag{4.3.31b}$$

对定解问题式（4.3.30）关于 x 取傅里叶变换为

$$\begin{cases}\dfrac{\mathrm{d}\bar{U}}{\mathrm{d}t}=-a^2k^2\bar{U}, \quad t>0 & (4.3.32\text{a})\\ \bar{U}(k,0)=\bar{\Phi}(k) & (4.3.32\text{b})\end{cases}$$

其解为

$$\bar{U}(k,t)=\bar{\Phi}(k)\mathrm{e}^{-a^2k^2t} \tag{4.3.33}$$

由附录 A 可知

$$\mathcal{F}\left(\frac{1}{\sqrt{2\pi}\sigma}\mathrm{e}^{-\frac{x^2}{2\sigma^2}}\right)=\mathrm{e}^{-\frac{k^2\sigma^2}{2}} \tag{4.3.34}$$

可得

$$\mathcal{F}\left(\frac{1}{2a\sqrt{\pi t}}\mathrm{e}^{-\frac{x^2}{4a^2t}}\right)=\mathrm{e}^{-a^2k^2t} \tag{4.3.35}$$

根据傅里叶变换的时域卷积性质[见式（4.1.10）]，式（4.3.33）的傅里叶逆变换为

$$U(x,t)=\Phi(x)*\frac{1}{2a\sqrt{\pi t}}\mathrm{e}^{-\frac{x^2}{4a^2t}}=\int_{-\infty}^{+\infty}\Phi(\xi)\frac{1}{2a\sqrt{\pi t}}\mathrm{e}^{-\frac{(x-\xi)^2}{4a^2t}}\mathrm{d}\xi \tag{4.3.36}$$

由此得到定解问题式（4.3.29）的解为

$$\begin{aligned}u(x,t)&=\int_{-\infty}^{+\infty}\Phi(\xi)\frac{1}{2a\sqrt{\pi t}}\mathrm{e}^{-\frac{(x-\xi)^2}{4a^2t}}\mathrm{d}\xi\\&=\int_{-\infty}^{0}\Phi(\xi)\frac{1}{2a\sqrt{\pi t}}\mathrm{e}^{-\frac{(x-\xi)^2}{4a^2t}}\mathrm{d}\xi+\int_{0}^{+\infty}\Phi(\xi)\frac{1}{2a\sqrt{\pi t}}\mathrm{e}^{-\frac{(x-\xi)^2}{4a^2t}}\mathrm{d}\xi\\&=-\int_{+\infty}^{0}\Phi(-\xi)\frac{1}{2a\sqrt{\pi t}}\mathrm{e}^{-\frac{(x+\xi)^2}{4a^2t}}\mathrm{d}\xi+\int_{0}^{+\infty}\Phi(\xi)\frac{1}{2a\sqrt{\pi t}}\mathrm{e}^{-\frac{(x-\xi)^2}{4a^2t}}\mathrm{d}\xi\\&=\int_{+\infty}^{0}\varphi(\xi)\frac{1}{2a\sqrt{\pi t}}\mathrm{e}^{-\frac{(x+\xi)^2}{4a^2t}}\mathrm{d}\xi+\int_{0}^{+\infty}\varphi(\xi)\frac{1}{2a\sqrt{\pi t}}\mathrm{e}^{-\frac{(x-\xi)^2}{4a^2t}}\mathrm{d}\xi\\&=-\int_{0}^{+\infty}\varphi(\xi)\frac{1}{2a\sqrt{\pi t}}\mathrm{e}^{-\frac{(x+\xi)^2}{4a^2t}}\mathrm{d}\xi+\int_{0}^{+\infty}\varphi(\xi)\frac{1}{2a\sqrt{\pi t}}\mathrm{e}^{-\frac{(x-\xi)^2}{4a^2t}}\mathrm{d}\xi\\&=\frac{1}{2a\sqrt{\pi t}}\int_{0}^{+\infty}\varphi(\xi)\left[\mathrm{e}^{-\frac{(x-\xi)^2}{4a^2t}}-\mathrm{e}^{-\frac{(x+\xi)^2}{4a^2t}}\right]\mathrm{d}\xi\end{aligned} \tag{4.3.37}$$

对于三维无界域内的热传导方程初值问题，即

$$\begin{cases}\dfrac{\partial u}{\partial t}=a^2\left(\dfrac{\partial^2 u}{\partial x^2}+\dfrac{\partial^2 u}{\partial y^2}+\dfrac{\partial^2 u}{\partial z^2}\right), & -\infty<x,y,z<+\infty,\ t>0 \\ u(x,y,z,0)=\varphi(x,y,z), & -\infty<x,y,z<+\infty\end{cases} \tag{4.3.38a, 4.3.38b}$$

可以采用三维傅里叶变换来求解。三维傅里叶变换为

$$\mathcal{F}(f)=F\left(k_x,k_y,k_z\right)=\int_{-\infty}^{+\infty}\int_{-\infty}^{+\infty}\int_{-\infty}^{+\infty}f(x,y,\mathrm{z})\mathrm{e}^{-\mathrm{j}\left(k_x x+k_y y+k_z z\right)}\mathrm{d}x\mathrm{d}y\mathrm{d}z \tag{4.3.39}$$

对初值问题式（4.3.38）取三维傅里叶变换，得

$$\begin{cases}\dfrac{\mathrm{d}U}{\mathrm{d}t}=-a^2\left(k_x^2+k_y^2+k_z^2\right)U, & t>0 \\ U\left(k_x,k_y,k_z,0\right)=\Phi\left(k_x,k_y,k_z\right)\end{cases} \tag{4.3.40a, 4.3.40b}$$

该定解问题的解为

$$U\left(k_x,k_y,k_z,t\right)=\Phi\left(k_x,k_y,k_z\right)\mathrm{e}^{-a^2\left(k_x^2+k_y^2+k_z^2\right)t} \tag{4.3.41}$$

根据式（4.3.35），可得

$$\mathcal{F}\left(\frac{1}{\left(2a\sqrt{\pi t}\right)^3}\mathrm{e}^{-\frac{x^2+y^2+z^2}{4a^2t}}\right)=\mathrm{e}^{-a^2\left(k_x^2+k_y^2+k_z^2\right)t} \tag{4.3.42}$$

根据傅里叶变换的时域卷积性质[见式（4.1.10）]和式（4.3.42），式（4.3.41）的傅里叶逆变换为

$$\begin{aligned}u&=\varphi(x,y,z)*\frac{1}{\left(2a\sqrt{\pi t}\right)^3}\mathrm{e}^{-\frac{x^2+y^2+z^2}{4a^2t}}\\&=\frac{1}{\left(2a\sqrt{\pi t}\right)^3}\int_{-\infty}^{+\infty}\int_{-\infty}^{+\infty}\int_{-\infty}^{+\infty}\varphi(\xi,\eta,\zeta)\mathrm{e}^{-\frac{(x-\xi)^2+(y-\eta)^2+(y-\zeta)^2}{4a^2t}}\mathrm{d}\xi\mathrm{d}\eta\mathrm{d}\zeta\end{aligned} \tag{4.3.43}$$

4.4 积分变换法和分离变量法的关系

根据分离变量法，对于定义在$[-l/2,l/2]$区间的偏微分方程，如一维波动方程，其通解可以写为

$$u(x,t)=\sum_{n=1}^{\infty}\left[T_{1n}(t)\cos\frac{n\pi}{l}x+T_{2n}(t)\sin\frac{n\pi}{l}x\right] \tag{4.4.1}$$

采用欧拉公式，将其改写为指数形式，即

$$u(x,t)=\sum_{n=-\infty}^{+\infty}T_n(t)\mathrm{e}^{\mathrm{j}\frac{n\pi}{l}x} \tag{4.4.2}$$

或

$$u(x,t)=\frac{1}{2\pi}\sum_{n=-\infty}^{+\infty}U\left(\frac{n\pi}{l},t\right)\mathrm{e}^{\mathrm{j}\frac{n\pi}{l}x} \tag{4.4.3}$$

当$l\to+\infty$时，有界域$[-l/2,l/2]$变成了无界域$[-\infty,+\infty]$，式（4.4.3）中的求和变成了积分，即

$$u(x,t)=\frac{1}{2\pi}\int_{-\infty}^{+\infty}U(k,t)\mathrm{e}^{\mathrm{j}kx}\,\mathrm{d}k \tag{4.4.4}$$

式（4.4.4）即$U(k,t)$的傅里叶逆变换形式。将该形式代入式（4.3.11a）得

$$\frac{1}{2\pi}\int_{-\infty}^{+\infty}\frac{\mathrm{d}^2U(k,t)}{\mathrm{d}t^2}\mathrm{e}^{\mathrm{j}kx}\,\mathrm{d}k=\frac{1}{2\pi}a^2\int_{-\infty}^{+\infty}U(k,t)\frac{\mathrm{d}^2\,\mathrm{e}^{\mathrm{j}kx}}{\mathrm{d}x^2}\mathrm{d}k \tag{4.4.5}$$

整理后得

$$\frac{1}{2\pi}\int_{-\infty}^{+\infty}\left[\frac{\mathrm{d}^2U(k,t)}{\mathrm{d}t^2}+a^2k^2U(k,t)\right]\mathrm{e}^{\mathrm{j}kx}\,\mathrm{d}k=0 \tag{4.4.6}$$

因此有

$$\frac{\mathrm{d}^2U(k,t)}{\mathrm{d}t^2}+a^2k^2U(k,t)=0 \tag{4.4.7}$$

可以看出，式（4.4.7）与式（4.3.12a）相同。因此积分变换法是分离变量法的定义域从有界域趋向无界域的极限时的情况。

在式（4.4.2）中，$T_n(t)\mathrm{e}^{\mathrm{j}\frac{n\pi}{l}x}$看起来是行波，实际上，只有$T_n(t)$和$T_{-n}(t)$共轭，当式（4.4.2）变为式（4.4.1）时，系数$T_{1n}(t)$和$T_{2n}(t)$才为实函数。两列幅度相同、方向相反的行波叠加起来即驻波。因此，式（4.4.2）与式（4.4.1）的驻波形式是一致的。在式（4.4.4）中，若$U(k,t)$和$U(-k,t)$共轭，则它为驻波，否则有行波的分量。

分离变量法通过傅里叶级数将多个自变量分离，积分变换法通过傅里叶变换将多个自变量降维。由于傅里叶级数和傅里叶变换在本质上是相同的，因此分离变量法和积分变换法在本质上也是相同的。

小结

积分变换法求解偏微分方程的过程如下。

（1）选取合适的积分变换类型，将未知函数的微分形式变成代数形式。若原方程具有 n 个自变量，经过一次积分变换可变为 $n-1$ 个自变量。采用积分变换法就是对微分方程进行降维。经过一次或多次积分变换可使原方程变为常微分方程或未知函数的代数方程。

（2）求解积分变换后的方程，即求解原问题解的象函数。

（3）对象函数取逆变换，即得到原问题的解。

积分变换法可以求解所有类型的线性微分方程，常用来求解无界域或半无界域内的齐次微分方程或非齐次微分方程。积分变换法求解定解问题的主要困难在于如何顺利求出逆变换。

习题 4

1．求解以下定解问题：

$$\begin{cases}\dfrac{\partial^2 u}{\partial t^2}=c^2\dfrac{\partial^2 u}{\partial x^2}, & -\infty<x<\infty,\ t>0\\ u(x,0)=\mathrm{e}^{-(x/a)^2}, & -\infty<x<\infty\\ \dfrac{\partial u(x,0)}{\partial t}=0, & -\infty<x<\infty\end{cases}$$

2．求解以下定解问题：

$$\begin{cases}\dfrac{\partial u}{\partial t}=a^2\dfrac{\partial^2 u}{\partial x^2}, & -\infty<x<+\infty,\ t>0\\ u(x,0)=\varphi(x), & -\infty<x<+\infty\end{cases}$$

3．求解以下定解问题：

$$\begin{cases}\dfrac{\partial u}{\partial t}=a^2\dfrac{\partial^2 u}{\partial x^2}, & -\infty<x<+\infty,\ t>0\\ u(x,0)=\delta(x), & -\infty<x<+\infty\end{cases}$$

4．求解以下定解问题：

$$\begin{cases}\nabla^2 u=0, & -\infty<x<+\infty,\ y>0\\ u(x,0)=f(x), & -\infty<x<+\infty\\ \lim\limits_{x^2+y^2\to\infty} u=0\end{cases}$$

5．求解以下定解问题：

$$\begin{cases} \nabla^2 u = 0, & -\infty < x < +\infty,\ y > 0 \\ \dfrac{\partial u(x,0)}{\partial y} = f(x), & -\infty < x < +\infty \\ \lim\limits_{x^2+y^2\to\infty} u = 0 \end{cases}$$

6．求解以下定解问题：

$$\begin{cases} \dfrac{\partial u}{\partial t} = a^2 \dfrac{\partial^2 u}{\partial x^2}, & x > 0,\ t > 0 \\ u(x,0) = 0, & x > 0 \\ u(0,t) = f(t), & t > 0 \end{cases}$$

7．求解以下定解问题：

$$\begin{cases} \dfrac{\partial^2 u}{\partial t^2} = a^2 \dfrac{\partial^2 u}{\partial x^2} + f(x,t), & -\infty < x < +\infty,\ t > 0 \\ u(x,0) = \varphi(x),\ \dfrac{\partial u(x,0)}{\partial t} = \psi(x), & -\infty < x < +\infty \end{cases}$$

8．求解以下定解问题：

$$\begin{cases} \dfrac{\partial^2 u}{\partial t^2} = \dfrac{\partial^2 u}{\partial x^2} + t\sin x, & -\infty < x < \infty,\ t > 0 \\ u(x,0) = 0, & -\infty < x < \infty \\ \dfrac{\partial u(x,0)}{\partial t} = \sin x, & -\infty < x < \infty \end{cases}$$

9．求解以下定解问题：

$$\begin{cases} \dfrac{\partial u}{\partial t} = \dfrac{\partial^2 u}{\partial x^2} + t\sin x, & -\infty < x < \infty,\ t > 0 \\ u(x,0) = \sin x, & -\infty < x < \infty \end{cases}$$

10．求解以下定解问题：

$$\begin{cases} \dfrac{\partial u}{\partial t} = a^2 \dfrac{\partial^2 u}{\partial x^2} + f(x,t), & -\infty < x < +\infty,\ t > 0 \\ u(x,0) = \varphi(x), & -\infty < x < +\infty \end{cases}$$

乔治·格林（George Green，1793-7-14—1841-5-31），英国科学家。格林在其发表的《论应用数学分析于电磁学》中引入了格林定理、势函数和格林函数等重要概念。

第5章　格林函数法

描述物理规律的数学物理方程在大多数情况下可以表示为某种源和该源产生的场之间的关系。对于线性问题，可以将源分解成很多个点源的叠加。如果通过某种方法知道了各点源产生的场，那么按照叠加原理，就可以知道同样定解条件下任意源产生的场。点源产生的场称为格林函数，这种求解方程的方法称为格林函数法。格林函数类似线性非时变系统中的冲激响应。

5.1　线性方程解的卷积表示

在自由空间中，放置在原点的单位点电荷的电荷密度分布可以表示为

$$f=\delta(M) \tag{5.1.1}$$

其中，M为空间坐标(x,y,z)。该单位点电荷产生的电位满足泊松方程，即

$$\nabla^2 u(M)=-\delta(M)/\varepsilon_0 \tag{5.1.2}$$

其中，ε_0为自由空间的介电常数。根据物理规律，单位点电荷产生的电位，即式（5.1.2）的解为

$$u(M)=\frac{1}{4\pi\varepsilon_0 r} \tag{5.1.3}$$

式（5.1.3）或$\frac{1}{4\pi r}$、$\frac{1}{r}$常称为三维拉普拉斯方程的基本解。

也可以从数学上证明式（5.1.3）是式（5.1.2）的解。因为有

$$\int_0^{2\pi}\int_0^{\pi}\int_0^{\infty}\frac{1}{4\pi r^2}\delta(r)r^2\sin\theta\mathrm{d}r\mathrm{d}\theta\mathrm{d}\varphi=1 \tag{5.1.4}$$

所以球域内的球对称单位冲激函数为$\frac{1}{4\pi r^2}\delta(r)$。将式（5.1.2）变成球坐标的形式，得

$$\frac{1}{r^2}\frac{\mathrm{d}}{\mathrm{d}r}\left(r^2\frac{\mathrm{d}u}{\mathrm{d}r}\right)=-\frac{1}{4\pi\varepsilon_0 r^2}\delta(r) \tag{5.1.5}$$

对式（5.1.5）关于 r 进行两次积分可得式（5.1.3）。

类似地，自由空间中点 $M_0(x_0,y_0,z_0)$ 处的单位点电荷的电荷密度分布可以表示为

$$f=\delta(M,M_0) \tag{5.1.6}$$

该单位点电荷产生的电位满足方程

$$\nabla^2 u(M)=-\delta(M,M_0)/\varepsilon_0 \tag{5.1.7}$$

其解为

$$u(M)=\frac{1}{4\pi\varepsilon_0 r_{MM_0}} \tag{5.1.8}$$

进一步，根据线性方程的叠加性，如果在点 M_1 和 M_2 处分别放置了电荷量为 f_1 与 f_2 的点电荷，则电荷密度分布为

$$f=f_1\delta(M,M_1)+f_2\delta(M,M_2) \tag{5.1.9}$$

电位满足方程

$$\nabla^2 u(M)=-\left[f_1\delta(M,M_1)+f_2\delta(M,M_2)\right]/\varepsilon_0 \tag{5.1.10}$$

其解为

$$u(M)=\frac{f_1}{4\pi\varepsilon_0 r_{MM_1}}+\frac{f_2}{4\pi\varepsilon_0 r_{MM_2}} \tag{5.1.11}$$

若电荷为分布在区域 Ω 内的体电荷，则其电荷密度分布为

$$f=f(M) \tag{5.1.12}$$

电位满足方程

$$\nabla^2 u(M)=-f(M)/\varepsilon_0 \tag{5.1.13}$$

其解将由求和变为卷积，即

$$u(M)=\iiint_{\Omega}\frac{1}{4\pi\varepsilon_0 r_{MM_0}}f(M_0)\mathrm{d}V_0 \tag{5.1.14}$$

以上讨论的问题位于自由空间，在该空间中，单位点电荷产生的电位具有已知的形式，即式（5.1.8）。对于任意边界 Γ 上电位为零的区域 Ω，若放置在 Ω 内任意一点 M_0 处的单位点电荷在任意一点 M 处产生的电位为 $G(M,M_0)$，则任意电荷密度分布 $f(M)$ 产生的电位为

$$u(M)=\iiint_{\Omega}G(M,M_0)f(M_0)\mathrm{d}V_0 \tag{5.1.15}$$

用数学语言描述，即如果函数 $G(M,M_0)$ 是定解问题

$$\begin{cases}\nabla^2 u(M) = -\delta(M, M_0)/\varepsilon_0, & M, M_0 \in \Omega \\ u|_\Gamma = 0\end{cases} \tag{5.1.16}$$

的解，则定解问题

$$\begin{cases}\nabla^2 u(M) = -f(M)/\varepsilon_0, & M \in \Omega \\ u|_\Gamma = 0\end{cases} \tag{5.1.17}$$

的解为

$$u(M) = \iiint_\Omega G(M, M_0) f(M_0) \mathrm{d}V_0 \tag{5.1.18}$$

若式（5.1.16）和式（5.1.17）中省略 ε_0，则具有同样的结论。如果函数 $G(M,M_0)$ 是定解问题

$$\begin{cases}\nabla^2 u(M) = -\delta(M, M_0), & M, M_0 \in \Omega \\ u|_\Gamma = 0\end{cases} \tag{5.1.19}$$

的解，则定解问题

$$\begin{cases}\nabla^2 u(M) = -f(M), & M \in \Omega \\ u|_\Gamma = 0\end{cases} \tag{5.1.20}$$

的解为式（5.1.18）。

在信号系统中，一个线性非时变系统可完全由它的冲激响应（对单一的基本信号单位冲激 $\delta(t)$ 的响应）来表征。如图 5.1.1 所示，若一线性非时变系统的冲激响应为 $h(t)$，则对于该系统的任意输入 $x(t)$，其输出为

$$y(t) = x(t) * h(t) = \int_{-\infty}^{+\infty} h(t-\tau) x(\tau) \mathrm{d}\tau \tag{5.1.21}$$

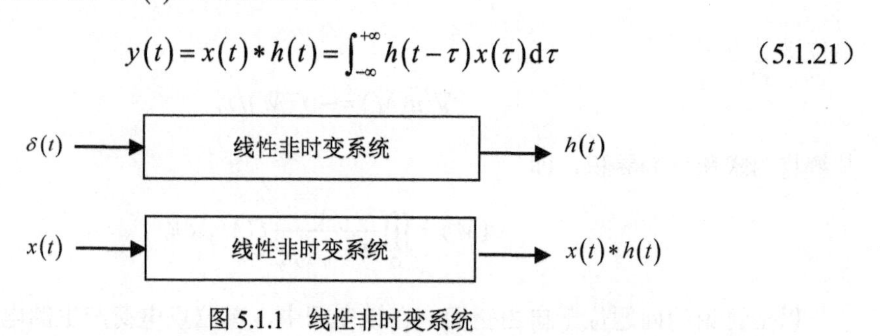

图 5.1.1　线性非时变系统

式（5.1.16）～式（5.1.20）的意义在于，若求出了区域 Ω 内点源的解 $G(M,M_0)$，则该区域内任意源 $f(M)$ 的解都可以使用式（5.1.18）来表示。式（5.1.18）中的 $G(M,M_0)$ 隐含了 M 和 M_0 之间的距离，相当于式（5.1.21）中的 $t-\tau$。这一结论也可以用信号系统中的线性非时变系统的概念来描述。若 $G(M,M_0)$ 是线性非时变系统式（5.1.19）的冲激响应，则对于任意输入 $f(M)$，该系统的输出为式（5.1.20）。5.2 节将以位势方程为例，从数学上推导出更一般的结论。

5.2　位势方程的格林函数

第二格林公式为

$$\iiint_{\Omega}\left(u\nabla^2 v - v\nabla^2 u\right)\mathrm{d}V = \oiint_{\Gamma}\left(u\frac{\partial v}{\partial \boldsymbol{n}} - v\frac{\partial u}{\partial \boldsymbol{n}}\right)\mathrm{d}S \tag{5.2.1}$$

其中，Γ 是三维空间中足够光滑的曲面；Ω 是以 Γ 为边界的区域，函数 u 和 v 在 Γ 上一阶连续，在 Ω 内二阶连续；$\boldsymbol{n}$ 是指向边界外的单位法向矢量。本书不对第二格林公式进行证明。

设 $M_0\left(x_0,y_0,z_0\right)$ 为 Ω 内的固定点，$M\left(x,y,z\right)$ 为 Ω 内的动点。记 $B_{M_0}^{\varepsilon}$ 为以 M_0 为球心、充分小正数 ε 为半径的小球，球面为 $S_{M_0}^{\varepsilon}$。设 v 为 $\Omega - B_{M_0}^{\varepsilon}$ 内的调和函数，即满足拉普拉斯方程

$$\nabla^2 v\left(M_0,M\right)=0,\ M\in\Omega - B_{M_0}^{\varepsilon} \tag{5.2.2}$$

u 满足方程

$$\nabla^2 u\left(M\right)=-f\left(M\right),\ M\in\Omega \tag{5.2.3}$$

在 $\Omega - B_{M_0}^{\varepsilon}$ 内应用第二格林公式得

$$\iiint_{\Omega - B_{M_0}^{\varepsilon}}\left(u\nabla^2 v - v\nabla^2 u\right)\mathrm{d}V = \oiint_{\Gamma + S_{M_0}^{\varepsilon}}\left(u\frac{\partial v}{\partial \boldsymbol{n}} - v\frac{\partial u}{\partial \boldsymbol{n}}\right)\mathrm{d}S \tag{5.2.4}$$

将式（5.2.2）代入式（5.2.4）得

$$-\iiint_{\Omega - B_{M_0}^{\varepsilon}} v\nabla^2 u\mathrm{d}V = \oiint_{\Gamma + S_{M_0}^{\varepsilon}}\left(u\frac{\partial v}{\partial \boldsymbol{n}} - v\frac{\partial u}{\partial \boldsymbol{n}}\right)\mathrm{d}S \tag{5.2.5}$$

当 $\varepsilon\to 0$ 时，式（5.2.5）的左边为

$$-\iiint_{\Omega - B_{M_0}^{\varepsilon}} v\nabla^2 u\mathrm{d}V \to -\iiint_{\Omega} v\nabla^2 u\mathrm{d}V \tag{5.2.6}$$

令

$$v\left(M_0,M\right)=\frac{1}{4\pi r_{MM_0}}+w\left(M\right) \tag{5.2.7}$$

并且 w 为 Ω 内的调和函数，即

$$\nabla^2 w=0,\ M\in\Omega \tag{5.2.8}$$

结合式（5.1.7）和式（5.1.8）得

$$\nabla^2 v = -\delta(M_0, M) \tag{5.2.9}$$

当$\varepsilon \to 0$时，有

$$\begin{aligned} &\left.\frac{\partial u}{\partial \boldsymbol{n}}\right|_{M \in S_{M_0}^{\varepsilon}} \to \frac{\partial u(M_0)}{\partial \boldsymbol{n}},\ \left.u\right|_{M \in S_{M_0}^{\varepsilon}} \to u(M_0) \\ &\left.\frac{\partial w}{\partial \boldsymbol{n}}\right|_{M \in S_{M_0}^{\varepsilon}} \to \frac{\partial w(M_0)}{\partial \boldsymbol{n}},\ \left.w\right|_{M \in S_{M_0}^{\varepsilon}} \to w(M_0) \end{aligned} \tag{5.2.10}$$

因此

$$\begin{aligned} &\oiint_{S_{M_0}^{\varepsilon}} v \frac{\partial u}{\partial \boldsymbol{n}} \mathrm{d}S = \oiint_{S_{M_0}^{\varepsilon}} \left(\frac{1}{4\pi r_{MM_0}} + w \right) \frac{\partial u}{\partial \boldsymbol{n}} \mathrm{d}S = \oiint_{S_{M_0}^{\varepsilon}} \left(\frac{1}{4\pi\varepsilon} + w \right) \frac{\partial u}{\partial \boldsymbol{n}} \mathrm{d}S \to \\ &4\pi\varepsilon^2 \left[\frac{1}{4\pi\varepsilon} + w(M_0) \right] \frac{\partial u(M_0)}{\partial \boldsymbol{n}} \to 0 \end{aligned} \tag{5.2.11}$$

$$\begin{aligned} &\oiint_{S_{M_0}^{\varepsilon}} u \frac{\partial v}{\partial \boldsymbol{n}} \mathrm{d}S = \oiint_{S_{M_0}^{\varepsilon}} u \frac{\partial}{\partial \boldsymbol{n}} \left(\frac{1}{4\pi r_{MM_0}} + w \right) \mathrm{d}S = \oiint_{S_{M_0}^{\varepsilon}} u \left(\frac{1}{4\pi r_{MM_0}^2} + \frac{\partial w}{\partial \boldsymbol{n}} \right) \mathrm{d}S \to \\ &4\pi\varepsilon^2 u(M_0) \left[\frac{1}{4\pi\varepsilon^2} + \frac{\partial w(M_0)}{\partial \boldsymbol{n}} \right] \to u(M_0) \end{aligned} \tag{5.2.12}$$

根据式（5.2.11）和式（5.2.12），式（5.2.5）的右边为

$$\oiint_{\Gamma + S_{M_0}^{\varepsilon}} \left(u \frac{\partial v}{\partial \boldsymbol{n}} - v \frac{\partial u}{\partial \boldsymbol{n}} \right) \mathrm{d}S \to \oiint_{\Gamma} \left(u \frac{\partial v}{\partial \boldsymbol{n}} - v \frac{\partial u}{\partial \boldsymbol{n}} \right) \mathrm{d}S + u(M_0) \tag{5.2.13}$$

根据式（5.2.6）和式（5.2.13），式（5.2.5）变为

$$u(M_0) = -\iiint_{\Omega} v \nabla^2 u \mathrm{d}V - \oiint_{\Gamma} \left(u \frac{\partial v}{\partial \boldsymbol{n}} - v \frac{\partial u}{\partial \boldsymbol{n}} \right) \mathrm{d}S \tag{5.2.14}$$

调换M_0和M，将v记为G，并应用式（5.2.3），上式变为

$$u(M) = \iiint_{\Omega} G(M, M_0) f(M_0) \mathrm{d}V_0 - \oiint_{\Gamma} \left[u(M_0) \frac{\partial G(M, M_0)}{\partial \boldsymbol{n}} - G(M, M_0) \frac{\partial u(M_0)}{\partial \boldsymbol{n}_0} \right] \mathrm{d}S_0 \tag{5.2.15}$$

其中，G根据式（5.2.9），满足

$$\nabla^2 G(M, M_0) = -\delta(M, M_0) \tag{5.2.16}$$

式（5.2.15）表明，若找到了满足式（5.2.16）的G，以及u和$\frac{\partial u}{\partial \boldsymbol{n}}$在边界$\Gamma$上的值，则式（5.2.3）的解可以用式（5.2.15）表示。很多时候，u和$\frac{\partial u}{\partial \boldsymbol{n}}$在边界$\Gamma$上的值并不同

时已知，但可以对 G 的边界条件进行约束，使式（5.2.15）中面积分的两项中的一项为零，这样可以出现如下两种情况。

第一种情况，若 G 满足以下定解问题：

$$\begin{cases}\nabla^2 u(M) = -\delta(M, M_0), & M, M_0 \in \Omega \\ u(M) = 0, & M \in \Gamma\end{cases} \tag{5.2.17}$$

则定解问题

$$\begin{cases}\nabla^2 u(M) = -f(M), & M \in \Omega \\ u(M) = F(M), & M \in \Gamma\end{cases} \tag{5.2.18}$$

的解为

$$u(M) = \iiint\limits_{\Omega} G(M, M_0) f(M_0) \mathrm{d}V_0 - \oint\!\!\!\oint\limits_{\Gamma} F(M_0) \frac{\partial G(M, M_0)}{\partial \boldsymbol{n}_0} \mathrm{d}S_0 \tag{5.2.19}$$

第二种情况，若 G 满足以下定解问题：

$$\begin{cases}\nabla^2 u(M) = -\delta(M, M_0), & M, M_0 \in \Omega \\ \dfrac{\partial u(M)}{\partial \boldsymbol{n}} = 0, & M \in \Gamma\end{cases} \tag{5.2.20}$$

则定解问题

$$\begin{cases}\nabla^2 u(M) = -f(M), & M \in \Omega \\ \dfrac{\partial u(M)}{\partial \boldsymbol{n}} = F(M), & M \in \Gamma\end{cases} \tag{5.2.21}$$

的解为

$$u(M) = \iiint\limits_{\Omega} G(M, M_0) f(M_0) \mathrm{d}V_0 + \oint\!\!\!\oint\limits_{\Gamma} G(M, M_0) \frac{\partial F(M_0)}{\partial \boldsymbol{n}_0} \mathrm{d}S_0 \tag{5.2.22}$$

定解问题式（5.2.18）具有第一类边界条件，即狄利克雷问题。定解问题式（5.2.21）具有第二类边界条件，即诺依曼问题。式（5.2.17）～式（5.2.22）将求解定解问题式（5.2.18）和式（5.2.21）分别转换为求解定解问题式（5.2.17）与式（5.2.20）的解 $G(M, M_0)$，并将定解问题式（5.2.18）和式（5.2.21）的解分别用积分形式［见式（5.2.19）与式（5.2.22）］表示。这种求解定解问题的方法称为格林函数法，其中，$G(M, M_0)$ 称为格林函数。格林函数具有对称性，即

$$G(M, M_0) = G(M_0, M) \tag{5.2.23}$$

格林函数并不像三角函数、指数函数等具有固定的形式，而是具有某种功能的函数，它只依赖区域和边界条件类型。与一个线性非时变系统可完全由其冲激响应来表征一样，格林函数表征了某一区域的特性，格林函数即这一区域的冲激响应。

5.3 三维位势方程

在三维自由空间中，位势方程的格林函数为

$$G(M,M_0)=\frac{1}{4\pi r_{MM_0}} \tag{5.3.1}$$

它是定解问题

$$\nabla^2 u(M,M_0)=-\delta(M,M_0)，\ M,M_0\in\mathbf{R}^3 \tag{5.3.2}$$

的解。它的物理意义是放置在M_0点处的电荷量为ε_0的点电荷在M点处产生的电位。在无歧义的情况下，为了描述简单，通常省略ε_0，即称式（5.3.1）为放置在M_0点处的单位点电荷在M点处产生的电位。

对于上半空间的狄利克雷问题

$$\begin{cases}\dfrac{\partial^2 u}{\partial x^2}+\dfrac{\partial^2 u}{\partial y^2}+\dfrac{\partial^2 u}{\partial z^2}=-f(x,y,z), & -\infty<x,y<\infty，\ z>0\\ u(x,y,0)=F(x,y), & -\infty<x,y<\infty\end{cases} \tag{5.3.3}$$

其格林函数$G(M,M_0)$满足以下定解问题：

$$\begin{cases}\dfrac{\partial^2 u}{\partial x^2}+\dfrac{\partial^2 u}{\partial y^2}+\dfrac{\partial^2 u}{\partial z^2}=-\delta(x-x_0,y-y_0,z-z_0), & -\infty<x,y<\infty，\ z>0\\ u(x,y,0)=0, & -\infty<x,y<\infty\end{cases} \tag{5.3.4}$$

该格林函数的物理意义：在下边界电位为零的上半空间中，在任意一点$M_0(x_0,y_0,z_0)$处放置一单位点电荷，该单位点电荷在任意一点$M(x,y,z)$处产生的电位即$G(M,M_0)$。

本节采用电像法来求解定解问题式（5.3.4）。电像法基于位势方程解的唯一性。对于两个位势问题，若它们在相同区域Ω内具有同样的源，并且在区域Ω的边界Γ上具有同样的边界条件，则这两个位势问题在区域Ω内的解是相同的。

图 5.3.1 所示为狄利克雷问题电像法示意图。如图 5.3.1（a）所示，在上半空间$M_0(x_0,y_0,z_0)$点处放置一个单位正电荷，令$z=0$平面的电位为零。如图 5.3.1（b）所示，在上半空间$M_0(x_0,y_0,z_0)$点处放置一个单位正电荷，并在下半空间$M_1(x_0,y_0,-z_0)$点处放置一个单位负电荷。由于这两点到$z=0$平面上任意一点的距离均相等，因此这两个单位电荷在$z=0$平面上任意一点处产生的电位之和为零。对于如图 5.3.1 所示的两个位势问题，在上半空间中，都只有一个源，上半空间的边界上的电位都为零，因此，这两个位

势问题在上半空间中的电位分布是相同的。这里可以将如图 5.3.1（a）所示的位势问题转化为如图 5.3.1（b）所示的位势问题来求解。

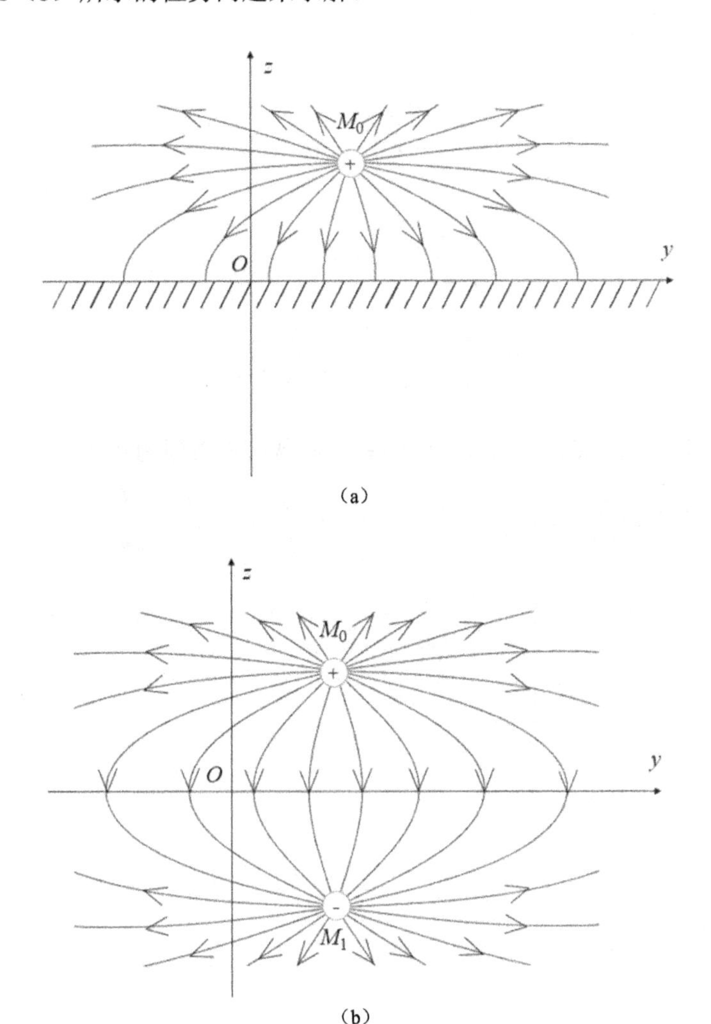

图 5.3.1　狄利克雷问题电像法示意图

由图 5.3.1（b）可知，上半空间的狄利克雷问题的格林函数即定解问题式（5.3.4）的解，图 5.3.1（a）中上半空间的电位分布为

$$G(M,M_0)=\frac{1}{4\pi r_{MM_0}}-\frac{1}{4\pi r_{MM_1}}$$
$$=\frac{1}{4\pi\sqrt{(x-x_0)^2+(y-y_0)^2+(z-z_0)^2}}-\frac{1}{4\pi\sqrt{(x-x_0)^2+(y-y_0)^2+(z+z_0)^2}} \tag{5.3.5}$$

$G(M,M_0)$在$z=0$平面上的法向导数为

$$\begin{aligned}\frac{\partial G(M,M_0)}{\partial \boldsymbol{n}_0} &= -\left.\frac{\partial G(M,M_0)}{\partial z_0}\right|_{z_0=0} \\ &= -\frac{1}{4\pi}\left.\left[\frac{(z-z_0)}{\left[(x-x_0)^2+(y-y_0)^2+(z-z_0)^2\right]^{3/2}} + \frac{(z+z_0)}{\left[(x-x_0)^2+(y-y_0)^2+(z+z_0)^2\right]^{3/2}}\right]\right|_{z_0=0} \\ &= -\frac{1}{2\pi}\frac{z}{\left[(x-x_0)^2+(y-y_0)^2+z^2\right]^{3/2}}\end{aligned} \tag{5.3.6}$$

将式（5.3.5）和式（5.3.6）代入式（5.2.19），则狄利克雷问题式（5.3.3）的解为

$$\begin{aligned}u(M) &= \iiint_{\Omega} G(M,M_0) f(M_0)\mathrm{d}V_0 - \oiint_{\Gamma} u(M_0)\frac{\partial G(M,M_0)}{\partial \boldsymbol{n}_0}\mathrm{d}S_0 \\ &= \frac{1}{4\pi}\int_0^{+\infty}\int_{-\infty}^{+\infty}\int_{-\infty}^{+\infty}\left(\frac{1}{r_{MM_0}}-\frac{1}{r_{MM_1}}\right) f(x_0,y_0,z_0)\mathrm{d}x_0\mathrm{d}y_0\mathrm{d}z_0 + \\ &\quad \frac{1}{2\pi}\int_{-\infty}^{+\infty}\int_{-\infty}^{+\infty} F(x_0,y_0)\frac{z}{\left[(x-x_0)^2+(y-y_0)^2+z^2\right]^{3/2}}\mathrm{d}x_0\mathrm{d}y_0\end{aligned} \tag{5.3.7}$$

对于上半空间的诺依曼问题

$$\begin{cases}\dfrac{\partial^2 u}{\partial x^2}+\dfrac{\partial^2 u}{\partial y^2}+\dfrac{\partial^2 u}{\partial z^2} = -f(x,y,z), & -\infty < x, y < \infty，\ z > 0 \\ \dfrac{\partial u(x,y,0)}{\partial z} = F(x,y), & -\infty < x, y < \infty\end{cases} \tag{5.3.8}$$

其格林函数$G(M,M_0)$满足以下定解问题：

$$\begin{cases}\dfrac{\partial^2 u}{\partial x^2}+\dfrac{\partial^2 u}{\partial y^2}+\dfrac{\partial^2 u}{\partial z^2} = -\delta(x-x_0,y-y_0,z-z_0), & -\infty < x, y < \infty，\ z > 0 \\ \dfrac{\partial u(x,y,0)}{\partial z} = 0, & -\infty < x, y < \infty\end{cases} \tag{5.3.9}$$

该格林函数的物理意义：在下边界电位法向导数为零的上半空间中，在M_0点处放置的单位点电荷在M点处产生的电位。

图 5.3.2 所示为诺依曼问题电像法示意图。如图 5.3.2（a）所示，在上半空间$M_0(x_0,y_0,z_0)$点处放置一个单位正电荷，电力线不终止于$z=0$平面，即电位在$z=0$平面的法向导数为零。如图 5.3.2（b）所示，在上半空间$M_0(x_0,y_0,z_0)$点处放置一个单位正电

荷，并在下半空间 $M_1(x_0, y_0, -z_0)$ 点处同样放置一个单位正电荷。由于电荷同性相斥，因此电力线不通过 $z=0$ 平面，即电位在 $z=0$ 平面的法向导数为零。对于如图 5.3.2 所示的两个位势问题，在上半空间中的源和边界条件是相同的。这里可以将如图 5.3.2（a）所示的位势问题转化为图 5.3.2（b）所示的位势问题来求解。

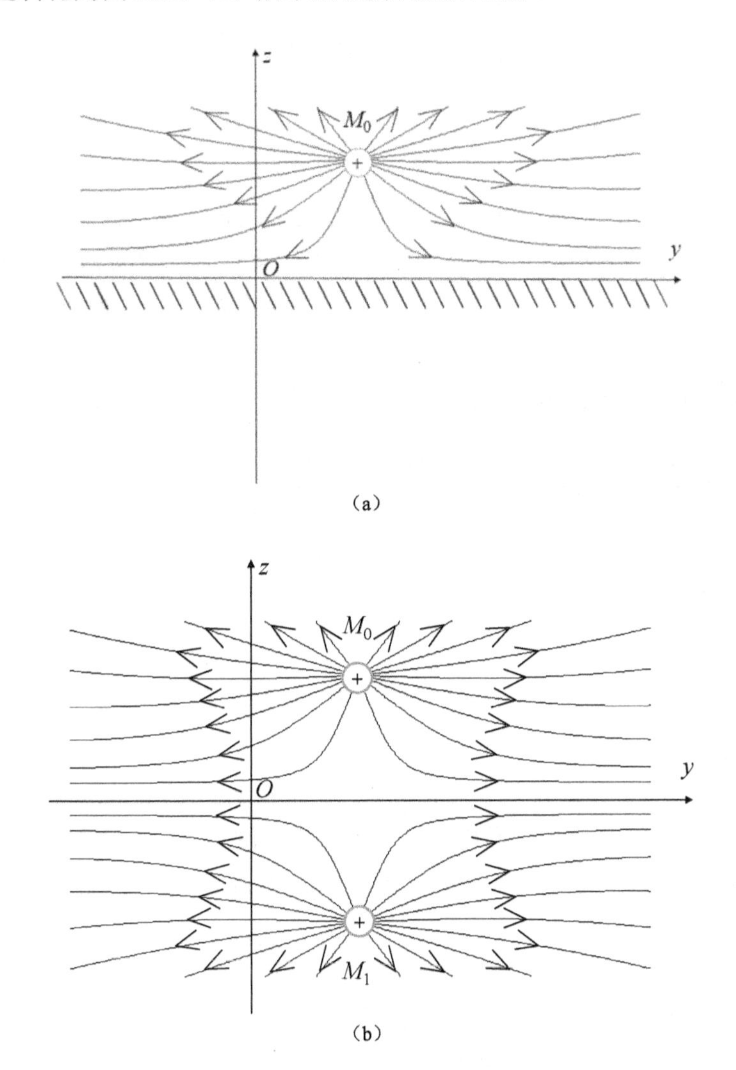

图 5.3.2　诺依曼问题电像法示意图

由图 5.3.2（b）可知，上半空间诺依曼问题的格林函数即定解问题式（5.3.9）的解，图 5.3.2（a）中上半空间的电位分布为

$$G(M, M_0) = \frac{1}{4\pi r_{MM_0}} + \frac{1}{4\pi r_{MM_1}} \tag{5.3.10}$$

将式（5.3.10）代入式（5.2.22），诺依曼问题式（5.3.8）的解为

$$u(M)=\iiint_{\Omega}G(M,M_0)f(M_0)\mathrm{d}V_0+\oiint_{\Gamma}G(M,M_0)\frac{\partial u(M_0)}{\partial \boldsymbol{n}}\mathrm{d}S_0$$
$$=\frac{1}{4\pi}\int_0^{+\infty}\int_{-\infty}^{+\infty}\int_{-\infty}^{+\infty}\left(\frac{1}{r_{MM_0}}+\frac{1}{r_{MM_1}}\right)f(x_0,y_0,z_0)\mathrm{d}x_0\mathrm{d}y_0\mathrm{d}z_0+ \tag{5.3.11}$$
$$\frac{1}{2\pi}\int_{-\infty}^{+\infty}\int_{-\infty}^{+\infty}\left(\frac{1}{r_{MM_0}}+\frac{1}{r_{MM_1}}\right)F(x_0,y_0)\mathrm{d}x_0\mathrm{d}y_0$$

对于球域的狄利克雷问题

$$\begin{cases}\dfrac{1}{r^2}\dfrac{\partial}{\partial r}\left(r^2\dfrac{\partial u}{\partial r}\right)+\dfrac{1}{r^2\sin\theta}\dfrac{\partial}{\partial\theta}\left(\sin\theta\dfrac{\partial u}{\partial\theta}\right)+\dfrac{1}{r^2\sin^2\theta}\dfrac{\partial^2 u}{\partial\varphi^2}=0, \\ \qquad\qquad 0<r<R,\ 0\leqslant\theta\leqslant\pi,\ -\infty<\varphi<+\infty \\ u(R,\theta,\varphi)=F(\theta,\varphi), \qquad 0\leqslant\theta\leqslant\pi,\ -\infty<\varphi<+\infty\end{cases} \tag{5.3.12}$$

其格林函数$G(M,M_0)$满足以下定解问题：

$$\begin{cases}\dfrac{1}{r^2}\dfrac{\partial}{\partial r}\left(r^2\dfrac{\partial u}{\partial r}\right)+\dfrac{1}{r^2\sin\theta}\dfrac{\partial}{\partial\theta}\left(\sin\theta\dfrac{\partial u}{\partial\theta}\right)+\dfrac{1}{r^2\sin^2\theta}\dfrac{\partial^2 u}{\partial\varphi^2}=-\delta(M,M_0), \\ \qquad\qquad 0<r<R,\ 0\leqslant\theta\leqslant\pi,\ -\infty<\varphi<+\infty \\ u(R,\theta,\varphi)=0, \qquad 0\leqslant\theta\leqslant\pi,\ -\infty<\varphi<+\infty\end{cases} \tag{5.3.13}$$

该格林函数的物理意义：在球面电位为零的球域中，在M_0点处放置的单位点电荷在M点处产生的电位。

图 5.3.3 所示为球域内狄利克雷问题电像法示意图。如图 5.3.3（a）所示，在球内$M_0(r_0,\theta_0,\varphi_0)$点处放置一个单位正电荷，令$r=R$球面的电位为零。如图 5.3.3（b）所示，在球内$M_0(r_0,\theta_0,\varphi_0)$点处放置一个单位正电荷，并在球面外$M_1(R^2/r_{OM_0},\theta_0,\varphi_0)$点处放置一个电荷量为$R/r_{OM_0}$的负电荷。这两个点电荷在球面上任意一点$P(R,\theta,\varphi)$处产生的电位之和为

$$u(R,\theta,\varphi)=\frac{1}{4\pi r_{PM_0}}-\frac{R/r_{OM_0}}{4\pi r_{PM_1}} \tag{5.3.14}$$

由$\triangle OM_0P$和$\triangle OPM_1$相似可知上式为零。对于如图 5.3.3 所示的两个位势问题，球域内都只有一个源，球面上的电位都为零，因此，这两个位势问题在球域内的电位分布是相同的。这里可以将如图 5.3.3（a）所示的位势问题转化为如图 5.3.3（b）所示的位势问题来求解。图 5.3.3（a）、（b）分别表示球坐标系经过OM_0M与OM_0P的切面，并将OM_0旋转至水平方向。

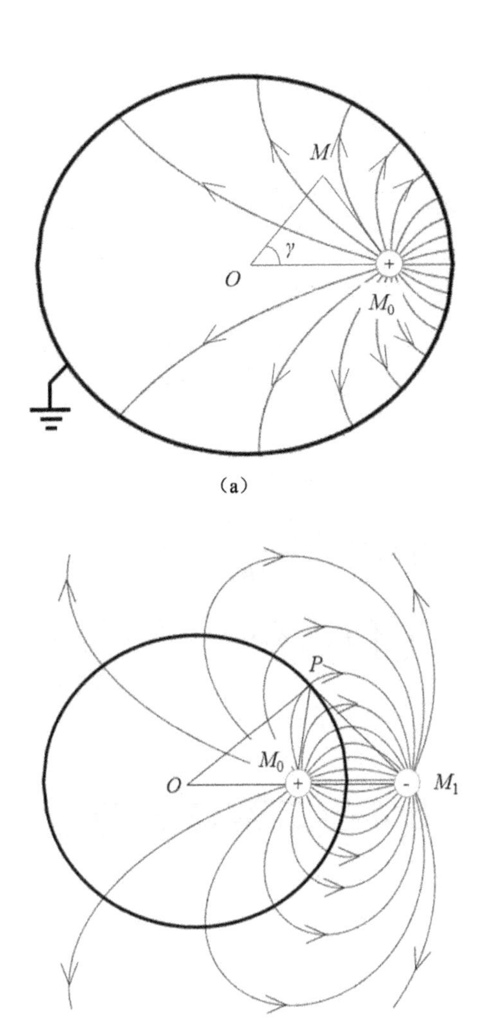

图 5.3.3　球域内狄利克雷问题电像法示意图

由图 5.3.3（b）可知，球域内狄利克雷问题的格林函数即定解问题式（5.3.13）的解，图 5.3.3（a）中球域内的电位分布为

$$G(M,M_0)=\frac{1}{4\pi r_{MM_0}}-\frac{R}{4\pi r_{OM_0}r_{MM_1}}$$
$$=\frac{1}{4\pi}\left(\frac{1}{\sqrt{r_{OM_0}^2+r^2-2r_{OM_0}r\cos\gamma}}-\frac{R}{r_{OM_0}\sqrt{r_{OM_1}^2+r^2-2r_{OM_1}r\cos\gamma}}\right)$$

（5.3.15）

其中，γ 为 OM_0 和 OM 之间的夹角。$\cos\gamma$ 可表示为

$$\cos\gamma=\cos\theta\cos\theta_0+\sin\theta\sin\theta_0\cos(\varphi-\varphi_0) \quad （5.3.16）$$

其中，θ_0、φ_0 分别为 M_0 的仰角和方位角；θ、φ 分别为 M 的仰角和方位角。若记 $r_0=r_{OM_0}$，

则 $r_{OM_1} = R^2/r_0$ 。因此，式（5.3.15）变为

$$G(M,M_0)=\frac{1}{4\pi}\left(\frac{1}{\sqrt{r_0^2+r^2-2r_0 r\cos\gamma}}-\frac{R}{\sqrt{R^4+r_0^2 r^2-2R^2 r_0 r\cos\gamma}}\right) \tag{5.3.17}$$

$G(M,M_0)$ 在 $r=R$ 球面上的法向导数为

$$\frac{\partial G(M,M_0)}{\partial \boldsymbol{n}}=\left.\frac{\partial G(M,M_0)}{\partial r_0}\right|_{r_0=R}=-\frac{1}{4\pi R}\frac{R^2-r^2}{\left(R^2+r^2-2Rr\cos\gamma\right)^{\frac{3}{2}}} \tag{5.3.18}$$

将式（5.3.18）代入式（5.2.19），狄利克雷问题式（5.3.12）的解为

$$\begin{aligned} u(M)&=-\oiint_{\Gamma} u(M_0)\frac{\partial G(M,M_0)}{\partial \boldsymbol{n}}\mathrm{d}S_0 \\ &=\frac{R}{4\pi}\int_0^{2\pi}\int_0^{\pi}F(\theta_0,\varphi_0)\frac{R^2-r^2}{\left(R^2+r^2-2Rr\cos\gamma\right)^{\frac{3}{2}}}\mathrm{d}\theta_0\mathrm{d}\varphi_0 \end{aligned} \tag{5.3.19}$$

5.4 二维位势方程

与三维情况类似，在二维中，若 G 满足以下定解问题：

$$\begin{cases}\nabla^2 u(M,M_0)=-\delta(M,M_0), & M,M_0\in\Omega \\ u(M)=0, & M\in\Gamma\end{cases} \tag{5.4.1}$$

闭合曲线 Γ 为曲面 Ω 的边界，则定解问题

$$\begin{cases}\nabla^2 u(M)=-f(M), & M\in\Omega \\ u(M)=F(M), & M\in\Gamma\end{cases} \tag{5.4.2}$$

的解为

$$u(M)=\iint_{\Omega}G(M,M_0)f(M_0)\mathrm{d}S_0-\oint_{\Gamma}F(M_0)\frac{\partial G(M,M_0)}{\partial \boldsymbol{n}}\mathrm{d}l_0 \tag{5.4.3}$$

设在三维中沿 z 轴放置均匀的线电荷，线电荷密度为 1。如图 5.4.1 所示，该线电荷在距离 z 轴为 ρ 处产生的电位为

$$u=\frac{1}{4\pi}\int_{-\infty}^{+\infty}\frac{1}{r}\mathrm{d}z=\frac{1}{4\pi}\int_{-\infty}^{+\infty}\frac{1}{\sqrt{z^2+\rho^2}}\mathrm{d}z \tag{5.4.4}$$

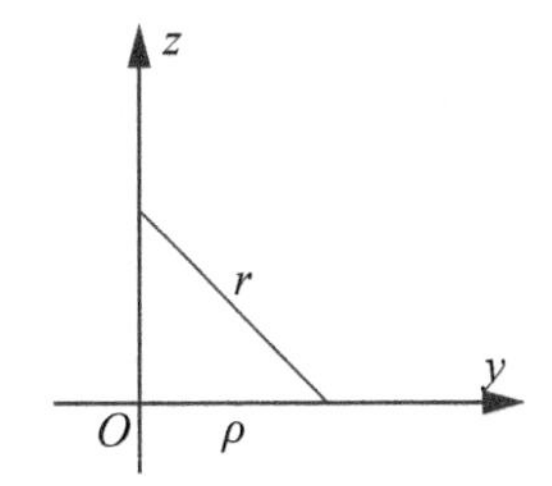

图 5.4.1　求解二维基本解示意图

对式（5.4.4）进行积分得

$$u=\frac{1}{2\pi}\lim_{z\to+\infty}\ln(2z)+\frac{1}{2\pi}\ln\frac{1}{\rho} \tag{5.4.5}$$

其中，右边第一项为无穷大的常数。通常我们不在意绝对的电位，而在意相对的电位差。当取参考电位点 $\rho=1$ 处的电位为零时，可以省略式（5.4.5）右边第一项。因此，二维拉普拉斯方程的基本解为

$$G(M,M_0)=\frac{1}{2\pi}\ln\frac{1}{\rho} \tag{5.4.6}$$

利用基本解式（5.4.6），可以采用电像法对二维位势方程进行求解。上半平面的狄利克雷问题的格林函数为点 $M_0(x_0,y_0)$ 处的正单位线电荷和点 $M_1(x_0,-y_0)$ 处的负单位线电荷在点 $M(x,y)$ 处产生的电位，即定解问题

$$\begin{cases}\dfrac{\partial^2 u}{\partial x^2}+\dfrac{\partial^2 u}{\partial y^2}=-\delta(x-x_0)\delta(y-y_0), & -\infty<x<\infty,\ y>0\\ u(x,0)=0, & -\infty<x<\infty\end{cases} \tag{5.4.7}$$

的解为

$$\begin{aligned}G(M,M_0)&=\frac{1}{2\pi}\left(\ln\frac{1}{\rho_{MM_0}}-\ln\frac{1}{\rho_{MM_1}}\right)\\&=\frac{1}{2\pi}\left(\ln\frac{1}{\sqrt{(x-x_0)^2+(y-y_0)^2}}-\ln\frac{1}{\sqrt{(x-x_0)^2+(y+y_0)^2}}\right)\\&=\frac{1}{4\pi}\ln\frac{(x-x_0)^2+(y+y_0)^2}{(x-x_0)^2+(y-y_0)^2}\end{aligned} \tag{5.4.8}$$

$G(M,M_0)$ 在边界上的法向导数为

$$\frac{\partial G(M,M_0)}{\partial \boldsymbol{n}}=-\frac{\partial G(M,M_0)}{\partial y_0}\Big|_{y_0=0}=-\frac{1}{\pi}\frac{y}{(x-x_0)^2+y^2} \tag{5.4.9}$$

由此可以得出，定解问题

$$\begin{cases}\dfrac{\partial^2 u}{\partial x^2}+\dfrac{\partial^2 u}{\partial y^2}=-f(x,y), & -\infty<x<\infty,\ y>0 \\ u(x,0)=F(x), & -\infty<x<\infty\end{cases} \tag{5.4.10}$$

的解为

$$\begin{aligned}u(M)&=\iint\limits_{\Omega}\frac{1}{4\pi}\ln\frac{(x-x_0)^2+(y+y_0)^2}{(x-x_0)^2+(y-y_0)^2}f(x_0,y_0)\mathrm{d}S_0+\oint\limits_{\Gamma}F(x_0)\frac{1}{\pi}\frac{y}{(x-x_0)^2+y^2}\mathrm{d}l_0 \\ &=\frac{1}{4\pi}\int_0^{+\infty}\int_{-\infty}^{+\infty}\ln\frac{(x-x_0)^2+(y+y_0)^2}{(x-x_0)^2+(y-y_0)^2}f(x_0,y_0)\mathrm{d}x_0\mathrm{d}y_0+\frac{y}{\pi}\int_{-\infty}^{+\infty}\frac{F(x_0)}{(x-x_0)^2+y^2}\mathrm{d}x_0\end{aligned} \tag{5.4.11}$$

5.5 波动方程的格林函数

在自由空间中，具有单位冲激源的球对称波动方程为

$$\nabla^2 u-\frac{1}{a^2}\frac{\partial^2 u}{\partial t^2}=-\frac{1}{4\pi r^2}\delta(r)\delta(t) \tag{5.5.1}$$

其中，$\dfrac{1}{4\pi r^2}\delta(r)$ 为球域内的单位冲激函数。首先将式（5.5.1）中 t 的定义域扩展到整个实数域，然后关于 t 进行傅里叶变换，得

$$\nabla^2 U+\frac{\omega^2}{a^2}U=-\frac{1}{4\pi r^2}\delta(r) \tag{5.5.2}$$

式（5.5.2）称为亥姆霍兹方程。根据

$$\frac{1}{r^2}\frac{\partial}{\partial r}\left(r^2\frac{\partial}{\partial r}\frac{\mathrm{e}^{-\mathrm{j}\frac{\omega}{a}r}}{4\pi r}\right)=-\frac{\omega^2}{a^2}\frac{\mathrm{e}^{-\mathrm{j}\frac{\omega}{a}r}}{4\pi r}-\frac{\mathrm{e}^{-\mathrm{j}\frac{\omega}{a}r}}{4\pi r^2}\delta(r)=-\frac{\omega^2}{a^2}\frac{\mathrm{e}^{-\mathrm{j}\frac{\omega}{a}r}}{4\pi r}-\frac{1}{4\pi r^2}\delta(r) \tag{5.5.3}$$

可知

$$U=\frac{\mathrm{e}^{-\mathrm{j}\frac{\omega}{a}r}}{4\pi r} \tag{5.5.4}$$

是亥姆霍兹方程的解。对式（5.5.4）进行傅里叶逆变换，可知

$$u=\frac{1}{4\pi r}\delta\left(t-\frac{r}{a}\right) \tag{5.5.5}$$

是波动方程式（5.5.1）的解。因此，三维波动方程的基本解为

$$\frac{1}{4\pi r_{MM_0}}\delta\left(t-t_0-\frac{r_{MM_0}}{a}\right) \tag{5.5.6}$$

设 $M_0\left(x_0,y_0,z_0\right)$ 为空域 Ω 内的固定点，$M\left(x,y,z\right)$ 为 Ω 内的动点，t_0 为固定时刻，t 为变时刻。记 $B_{M_0}^{\varepsilon}$ 为 Ω 内以 M_0 为球心、充分小正数 ε 为半径的小球，记 Ω_{Vt} 为以 Ω 和时域组合起来的时空域，Γ 为 Ω 的表面，Γ_{Vt} 为 Ω_{Vt} 的表面，$S_{M_0}^{\varepsilon}$ 为 $B_{M_0}^{\varepsilon}$ 的表面。设 $M_{Vt_0}\left(x_0,y_0,z_0,\mathrm{j}at_0\right)$ 为 Ω_{Vt} 内的固定点，$M_{Vt}\left(x,y,z,\mathrm{j}at\right)$ 为 Ω_{Vt} 内的动点。记 $B_{M_{Vt0}}^{\varepsilon\tau}$ 为 Ω_{Vt} 内以 $S_{M_0}^{\varepsilon}$ 为侧面、$\mathrm{j}at=\mathrm{j}a\left(t_0\pm\tau\right)$ 为上下底面围成的球柱，τ 为充分小的正数且 $a\tau>\varepsilon$，$S_{M_{Vt0}}^{\varepsilon\tau}$ 为 $B_{M_{Vt0}}^{\varepsilon\tau}$ 的表面。

设 v 在 $\Omega_{Vt}-B_{M_{Vt0}}^{\varepsilon\tau}$ 内满足以下齐次波动方程：

$$\frac{1}{a^2}\frac{\partial^2 v\left(M_{Vt_0},M_{Vt}\right)}{\partial t^2}=\nabla^2 v\left(M_{Vt_0},M_{Vt}\right),\quad M_{Vt}\in\Omega_{Vt}-B_{M_{Vt0}}^{\varepsilon\tau} \tag{5.5.7}$$

或者写为

$$\nabla^2 v\left(M_{Vt_0},M_{Vt}\right)+\frac{\partial^2 v\left(M_{Vt_0},M_{Vt}\right)}{\partial\left(\mathrm{j}at\right)^2}=\nabla_{Vt}^2 v\left(M_{Vt_0},M_{Vt}\right)=0 \tag{5.5.8}$$

其中

$$\nabla_{Vt}^2=\nabla^2 v+\frac{\partial^2}{\partial\left(\mathrm{j}at\right)^2} \tag{5.5.9}$$

为 Ω_{Vt} 内的拉普拉斯算子。u 满足以下方程：

$$\nabla^2 u\left(M,t\right)-\frac{1}{a^2}\frac{\partial^2 u\left(M,t\right)}{\partial t^2}+f\left(M,t\right)=\nabla_{Vt}^2 u\left(M_{Vt}\right)+f\left(M_{Vt}\right)=0,\quad M_{Vt}\in\Omega_{Vt} \tag{5.5.10}$$

在 $\Omega_{Vt}-B_{M_{Vt0}}^{\varepsilon\tau}$ 内应用四维第二格林公式可得

$$\iiint\limits_{\Omega_{Vt}-B_{M_{Vt0}}^{\varepsilon\tau}}\left(u\nabla_{Vt}^2 v-v\nabla_{Vt}^2 u\right)\mathrm{d}V_{Vt}=\oiint\limits_{\Gamma_{Vt}+S_{M_{Vt0}}^{\varepsilon\tau}}\left(u\frac{\partial v}{\partial \boldsymbol{n}_{Vt}}-v\frac{\partial u}{\partial \boldsymbol{n}_{Vt}}\right)\mathrm{d}S_{Vt} \tag{5.5.11}$$

其中，等号左边是四维时空域积分；等号右边为三维时空域积分。将式（5.5.8）代入式（5.5.11）得

$$-\iiint\limits_{\Omega_{Vt}-B_{M_{Vt0}}^{\varepsilon\tau}}v\nabla_{Vt}^2 u\mathrm{d}V_{Vt}=\oiint\limits_{\Gamma_{Vt}+S_{M_{Vt0}}^{\varepsilon\tau}}\left(u\frac{\partial v}{\partial \boldsymbol{n}_{Vt}}-v\frac{\partial u}{\partial \boldsymbol{n}_{Vt}}\right)\mathrm{d}S_{Vt} \tag{5.5.12}$$

令

$$v\left(M_{Vt0},M_{Vt}\right)=\frac{\delta\left(t-t_0-\dfrac{r_{MM_0}}{a}\right)}{4\pi r_{MM_0}}+w\left(M_{Vt}\right) \tag{5.5.13}$$

并且 w 在 Ω_{Vt} 内满足

$$\nabla_{Vt}^2 w\left(M_{Vt}\right)=0 \tag{5.5.14}$$

式（5.5.13）右边第一项为三维波动方程的基本解式（5.5.6）。结合式（5.5.13）和式（5.5.14），以及基本解的特性，可得

$$\nabla_{Vt}^2 v=-\frac{1}{4\pi r_{MM_0}^2}\delta(r_{MM_0})\delta(t-t_0) \tag{5.5.15}$$

当 $\varepsilon,\tau\to 0$ 时，有

$$-\iiint\limits_{\Omega_{Vt}-B_{MVt_0}^{\varepsilon}} v\nabla_{Vt}^2 u\mathrm{d}V_{Vt}\to -\iiint\limits_{\Omega_{Vt}} v\nabla_{Vt}^2 u\mathrm{d}V_{Vt} \tag{5.5.16}$$

$$\left.\frac{\partial u}{\partial \boldsymbol{n}_{Vt}}\right|_{M\in S_{MVt_0}^{\varepsilon\tau}}\to\frac{\partial u\left(M_{Vt0}\right)}{\partial \boldsymbol{n}},\quad \left.w\right|_{M\in S_{MVt_0}^{\varepsilon\tau}}\to w\left(M_{Vt_0}\right),\quad \left.u\right|_{M\in S_{MVt_0}^{\varepsilon\tau}}\to u\left(M_{Vt_0}\right) \tag{5.5.17}$$

因此

$$\oiint\limits_{S_{MVt_0}^{\varepsilon\tau}} v\frac{\partial u}{\partial \boldsymbol{n}_{Vt}}\mathrm{d}S_{Vt}\to 0 \tag{5.5.18}$$

$$\oiint\limits_{S_{MVt_0}^{\varepsilon\tau}} u\frac{\partial v}{\partial \boldsymbol{n}_{Vt}}\mathrm{d}S_{Vt}\to \mathrm{j}au\left(M_{Vt_0}\right) \tag{5.5.19}$$

故式（5.5.12）的右边为

$$\oiint\limits_{\Gamma_{Vt}+S_{MVt_0}^{\varepsilon}}\left(u\frac{\partial v}{\partial \boldsymbol{n}_{Vt}}-v\frac{\partial u}{\partial \boldsymbol{n}_{Vt}}\right)\mathrm{d}S_{Vt}\to\oiint\limits_{\Gamma_{Vt}}\left(u\frac{\partial v}{\partial \boldsymbol{n}_{Vt}}-v\frac{\partial u}{\partial \boldsymbol{n}_{Vt}}\right)\mathrm{d}S_{Vt}+\mathrm{j}au\left(M_{Vt_0}\right) \tag{5.5.20}$$

根据式（5.5.16）和式（5.5.20），式（5.5.12）变为

$$u\left(M_{Vt_0}\right)=-\frac{1}{\mathrm{j}a}\iiint\limits_{\Omega_{Vt}} v\nabla^2 u\mathrm{d}V_{Vt}-\frac{1}{\mathrm{j}a}\oiint\limits_{\Gamma_{Vt}}\left(u\frac{\partial v}{\partial \boldsymbol{n}}-v\frac{\partial u}{\partial \boldsymbol{n}}\right)\mathrm{d}S_{Vt} \tag{5.5.21}$$

调换 M_{Vt_0} 和 M_{Vt}，记 v 为 G，并应用式（5.5.10），上式变为

$$\begin{aligned}u\left(M_{Vt}\right)=&\frac{1}{\mathrm{j}a}\iiint\limits_{\Omega_{Vt}} G\left(M_{Vt},M_{Vt_0}\right)f\left(M_{Vt_0}\right)\mathrm{d}V_{Vt_0}-\\&\frac{1}{\mathrm{j}a}\oiint\limits_{\Gamma_{Vt}}\left[u\left(M_{Vt_0}\right)\frac{\partial G\left(M_{Vt},M_{Vt_0}\right)}{\partial \boldsymbol{n}_{Vt_0}}-G\left(M_{Vt},M_{Vt_0}\right)\frac{\partial u\left(M_{Vt_0}\right)}{\partial \boldsymbol{n}_{Vt_0}}\right]\mathrm{d}S_{Vt_0}\end{aligned} \tag{5.5.22}$$

将时空域分为时域和空域，此时，式（5.5.22）右边的三项积分分别为

$$\iiint_{\Omega_{Vt}} G\left(M_{Vt},M_{Vt_0}\right) f\left(M_{Vt_0}\right) \mathrm{d}V_{Vt_0} = \mathrm{j}a\int_0^t \iiint_{\Omega} G\left(M,t;M_0,t_0\right) f\left(M_0,t_0\right) \mathrm{d}V_0 \mathrm{d}t_0 \tag{5.5.23}$$

$$\begin{aligned}&\oiint_{\Gamma_{Vt}} u\left(M_{Vt_0}\right) \frac{\partial G\left(M_{Vt},M_{Vt_0}\right)}{\partial \boldsymbol{n}_{Vt_0}} \mathrm{d}S_{Vt_0} \\ &= -\frac{1}{\mathrm{j}a}\iiint_{\Omega} u\left(M_0,0\right) \frac{\partial G\left(M,t;M_0,0\right)}{\partial t_0} \mathrm{d}V_0 + \mathrm{j}a\int_0^t \oiint_{\Gamma} u\left(M_0,t_0\right) \frac{\partial G\left(M,t;M_0,t_0\right)}{\partial \boldsymbol{n}_0} \mathrm{d}S_0 \mathrm{d}t_0\end{aligned} \tag{5.5.24}$$

$$\begin{aligned}&\oiint_{\Gamma_{Vt}} G\left(M_{Vt},M_{Vt_0}\right) \frac{\partial u\left(M_{Vt_0}\right)}{\partial \boldsymbol{n}_{Vt_0}} \mathrm{d}S_{Vt_0} \\ &= -\frac{1}{\mathrm{j}a}\iiint_{\Omega} G\left(M,t;M_0,0\right) \frac{\partial u\left(M_0,0\right)}{\partial t_0} \mathrm{d}V_0 + \mathrm{j}a\int_0^t \oiint_{\Gamma} G\left(M,t;M_0,t_0\right) \frac{\partial u\left(M_0,t_0\right)}{\partial \boldsymbol{n}} \mathrm{d}S_0 \mathrm{d}t_0\end{aligned} \tag{5.5.25}$$

将式（5.5.23）～式（5.5.25）代入式（5.5.22）得

$$\begin{aligned}u(M,t) = &\int_0^t \iiint_{\Omega} G\left(M,t;M_0,t_0\right) f\left(M_0,t_0\right) \mathrm{d}V_0 \mathrm{d}t_0 - \\ &\frac{1}{a^2}\iiint_{\Omega} u\left(M_0,0\right) \frac{\partial G\left(M,t;M_0,0\right)}{\partial t_0} \mathrm{d}V_0 - \int_0^t \oiint_{\Gamma} u\left(M_0,t_0\right) \frac{\partial G\left(M,t;M_0,t_0\right)}{\partial \boldsymbol{n}_0} \mathrm{d}S_0 \mathrm{d}t_0 + \\ &\frac{1}{a^2}\iiint_{\Omega} G\left(M,t;M_0,0\right) \frac{\partial u\left(M_0,0\right)}{\partial t_0} \mathrm{d}V_0 + \int_0^t \oiint_{\Gamma} G\left(M,t;M_0,t_0\right) \frac{\partial u\left(M_0,t_0\right)}{\partial \boldsymbol{n}} \mathrm{d}S_0 \mathrm{d}t_0\end{aligned} \tag{5.5.26}$$

因此，若 $G\left(M,t;M_0,t_0\right)$ 是定解问题

$$\begin{cases}\dfrac{1}{a^2}\dfrac{\partial^2 u}{\partial t^2} = \nabla^2 u + \dfrac{1}{4\pi r_{MM_0}^2}\delta(r_{MM_0})\delta(t-t_0), & M,M_0 \in \Omega,\ t,t_0 > 0 \\ u\left(M,t;M_0,t_0\right) = 0, & M \in \Gamma,\ M_0 \in \Omega,\ t,t_0 > 0 \\ u\left(M,t;M_0,t_0\right) = \dfrac{\partial u\left(M,t;M_0,t_0\right)}{\partial t} = 0, & M,M_0 \in \Omega,\ t \leqslant t_0,\ t_0 > 0\end{cases} \tag{5.5.27}$$

的解，即 Ω 内具有第一类边界条件的波动方程的格林函数，则定解问题

$$\begin{cases}\dfrac{1}{a^2}\dfrac{\partial^2 u}{\partial t^2} = \nabla^2 u + f\left(M,t\right), & M \in \Omega,\ t > 0 \\ u\left(M,t\right) = F\left(M,t\right), & M \in \Gamma,\ t > 0 \\ u\left(M,0\right) = \varphi\left(M\right),\ \dfrac{\partial u\left(M,0\right)}{\partial t} = \psi\left(M\right), & M \in \Omega\end{cases} \tag{5.5.28}$$

的解为

$$u(M,t)=\int_0^t\iiint_{\Omega}G(M,t;M_0,t_0)f(M_0,t_0)\mathrm{d}V_0\mathrm{d}t_0-\frac{1}{a^2}\iiint_{\Omega}\varphi(M_0)\frac{\partial G(M,t;M_0,0)}{\partial t_0}\mathrm{d}V_0+\frac{1}{a^2}\iiint_{\Omega}G(M,t;M_0,0)\psi(M_0)\mathrm{d}V_0-\int_0^t\oiint_{\Gamma}F(M_0,t_0)\frac{\partial G(M,t;M_0,t_0)}{\partial \boldsymbol{n}_0}\mathrm{d}S_0\mathrm{d}t_0 \tag{5.5.29}$$

类似地，一维波动方程的格林函数 $G(x,t;x_0,t_0)$ 是定解问题

$$\begin{cases}\dfrac{1}{a^2}\dfrac{\partial^2 u}{\partial t^2}=\dfrac{\partial^2 u}{\partial x^2}+\delta(x-x_0)\delta(t-t_0), & 0<x,x_0<l,\ t,t_0>0 & (5.5.30\text{a})\\ u(0,t)=u(l,t)=0, & t>0 & (5.5.30\text{b})\\ u(x,t)=\dfrac{\partial u(x,t)}{\partial t}=0, & 0<x<l,\ t\leqslant t_0 & (5.5.30\text{c})\end{cases}$$

的解。该格林函数可以采用特征函数法求解。因此，定解问题

$$\begin{cases}\dfrac{1}{a^2}\dfrac{\partial^2 u}{\partial t^2}=\dfrac{\partial^2 u}{\partial x^2}+f(x,t), & 0<x<l,\ t>0 & (5.5.31\text{a})\\ u(0,t)=\mu(t),\ u(l,t)=\nu(t), & t>0 & (5.5.31\text{b})\\ u(x,0)=\varphi(x),\ \dfrac{\partial u(x,t)}{\partial t}=\psi(x), & 0<x<l & (5.5.31\text{c})\end{cases}$$

的解为

$$\begin{aligned}u(x,t)&=\int_0^t\int_0^l G(x,t;x_0,t_0)f(x_0,t_0)\mathrm{d}x_0\mathrm{d}t_0-\\&\quad\frac{1}{a^2}\int_0^l\frac{\partial G(x,t;x_0,0)}{\partial t_0}\varphi(x_0)\mathrm{d}x_0+\frac{1}{a^2}\int_0^l G(x,t;x_0,0)\psi(x_0)\mathrm{d}x_0+\\&\quad\int_0^t\frac{\partial G(x,t;0,t_0)}{\partial x_0}\mu(t_0)\mathrm{d}t_0-\int_0^t\frac{\partial G(x,t;l,t_0)}{\partial x_0}\nu(t_0)\mathrm{d}t_0\\&=u_1+u_2+u_3+u_4+u_5\end{aligned} \tag{5.5.32}$$

式（5.5.32）是定解问题式（5.5.31）的解的证明如下：

$$\begin{aligned}\frac{1}{a^2}\frac{\partial^2 u_1}{\partial t^2}&=\frac{1}{a^2}\frac{\partial^2}{\partial t^2}\int_0^t\int_0^l G(x,t;x_0,t_0)f(x_0,t_0)\mathrm{d}x_0\mathrm{d}t_0\\&=\frac{1}{a^2}\int_0^t\int_0^l\frac{\partial^2 G(x,t;x_0,t_0)}{\partial t^2}f(x_0,t_0)\mathrm{d}x_0\mathrm{d}t_0+0\\&=\int_0^t\int_0^l\left[\frac{\partial^2 G(x,t;x_0,t_0)}{\partial x^2}+\delta(x-x_0)\delta(t-t_0)\right]f(x_0,t_0)\mathrm{d}x_0\mathrm{d}t_0\end{aligned}$$

$$\begin{aligned}
&=\frac{\partial^2}{\partial x^2}\int_0^t\int_0^l G(x,t;x_0,t_0)f(x_0,t_0)\mathrm{d}x_0\mathrm{d}t_0+f(x,t)\\
&=\frac{\partial^2 u_1}{\partial x^2}+f(x,t)
\end{aligned}\tag{5.5.33}$$

$$\begin{aligned}
\frac{1}{a^2}\frac{\partial^2 u_2}{\partial t^2}&=-\frac{1}{a^2}\frac{1}{a^2}\frac{\partial^2}{\partial t^2}\int_0^l\frac{\partial G(x,t;x_0,0)}{\partial t_0}\varphi(x_0)\mathrm{d}x_0\\
&=-\frac{1}{a^2}\frac{1}{a^2}\int_0^l\frac{\partial}{\partial t_0}\frac{\partial^2 G(x,t;x_0,0)}{\partial t^2}\varphi(x_0)\mathrm{d}x_0\\
&=-\frac{1}{a^2}\int_0^l\left[\frac{\partial}{\partial t_0}\frac{\partial^2 G(x,t;x_0,0)}{\partial x^2}+\delta(x-x_0)\frac{\partial\delta(t-t_0)}{\partial t_0}\bigg|_{t_0=0}\right]\varphi(x_0)\mathrm{d}x_0\\
&=-\frac{1}{a^2}\frac{\partial^2}{\partial x^2}\int_0^l\frac{\partial G(x,t;x_0,0)}{\partial t_0}\varphi(x_0)\mathrm{d}x_0-0\\
&=\frac{\partial^2 u_2}{\partial x^2}
\end{aligned}\tag{5.5.34}$$

$$\begin{aligned}
\frac{1}{a^2}\frac{\partial^2 u_3}{\partial t^2}&=\frac{1}{a^2}\frac{1}{a^2}\frac{\partial^2}{\partial t^2}\int_0^l G(x,t;x_0,0)\psi(x_0)\mathrm{d}x_0\\
&=\frac{1}{a^2}\frac{1}{a^2}\int_0^l\frac{\partial^2 G(x,t;x_0,0)}{\partial t^2}\psi(x_0)\mathrm{d}x_0\\
&=\frac{1}{a^2}\int_0^l\left[\frac{\partial^2 G(x,t;x_0,0)}{\partial x^2}+\delta(x-x_0)\delta(t)\right]\psi(x_0)\mathrm{d}x_0\\
&=\frac{1}{a^2}\frac{\partial^2}{\partial x^2}\int_0^l G(x,t;x_0,0)\psi(x_0)\mathrm{d}x_0+0\\
&=\frac{\partial^2 u_3}{\partial x^2}
\end{aligned}\tag{5.5.35}$$

$$\begin{aligned}
\frac{1}{a^2}\frac{\partial^2 u_4}{\partial t^2}&=\frac{1}{a^2}\frac{\partial^2}{\partial t^2}\left[\int_0^t\frac{\partial G(x,t;0,t_0)}{\partial x_0}\mu(t_0)\mathrm{d}t_0\right]\\
&=\frac{1}{a^2}\int_0^t\frac{\partial}{\partial x_0}\frac{\partial^2 G(x,t;0,t_0)}{\partial t^2}\mu(t_0)\mathrm{d}t_0\\
&=\int_0^t\frac{\partial}{\partial x_0}\left[\frac{\partial^2 G(x,t;0,t_0)}{\partial x^2}+\delta(x-x_0)\big|_{x_0=0}\,\delta(t-t_0)\right]\mu(t_0)\mathrm{d}t_0\\
&=\frac{\partial^2}{\partial x^2}\left[a^2\int_0^t\frac{\partial G(x,t;0,t_0)}{\partial x_0}\mu(t_0)\mathrm{d}t_0\right]+0\\
&=\frac{\partial^2 u_4}{\partial x^2}
\end{aligned}\tag{5.5.36}$$

$$\begin{aligned}\frac{1}{a^2}\frac{\partial^2 u_5}{\partial t^2}&=-\frac{1}{a^2}\frac{\partial^2}{\partial t^2}\left[\int_0^t\frac{\partial G(x,t;l,t_0)}{\partial x_0}\nu(t_0)\mathrm{d}t_0\right]\\&=-\frac{1}{a^2}\int_0^t\frac{\partial}{\partial x_0}\frac{\partial^2 G(x,t;l,t_0)}{\partial t^2}\nu(t_0)\mathrm{d}t_0\\&=-\int_0^t\frac{\partial}{\partial x_0}\left[\frac{\partial^2 G(x,t;l,t_0)}{\partial x^2}+\delta(x-x_0)\Big|_{x_0=l}\delta(t-t_0)\right]\nu(t_0)\mathrm{d}t_0\\&=-\frac{\partial^2}{\partial x^2}\left[\int_0^t\frac{\partial G(x,t;l,t_0)}{\partial x_0}\nu(t_0)\mathrm{d}t_0\right]-0\\&=\frac{\partial^2 u_5}{\partial x^2}\end{aligned}\tag{5.5.37}$$

由式（5.5.33）～式（5.5.37）可知，式（5.5.32）满足式（5.5.31a）。

由于$G(x,t;x_0,t_0)$满足式（5.5.30a），因此根据格林函数的对称性可知

$$\frac{1}{a^2}\frac{\partial^2 G(x,t;x_0,t_0)}{\partial t_0^2}=\frac{\partial^2 G(x,t;x_0,t_0)}{\partial x_0^2}+\delta(x-x_0)\delta(t-t_0)\tag{5.5.38}$$

对上式关于x_0从0到l积分得

$$\frac{1}{a^2}\frac{\partial^2}{\partial t_0^2}\int_0^l G(x,t;x_0,t_0)\mathrm{d}x_0=\left[\frac{\partial G(x,t;l,t_0)}{\partial x_0}-\frac{\partial G(x,t;0,t_0)}{\partial x_0}\right]+\delta(t-t_0)\tag{5.5.39}$$

当$x=0$时，式（5.5.39）变为

$$0=-\frac{\partial G(0,t;0,t_0)}{\partial x_0}+\delta(t-t_0)\tag{5.5.40}$$

当$x=l$时，式（5.5.39）变为

$$0=\frac{\partial G(l,t;l,t_0)}{\partial x_0}+\delta(t-t_0)\tag{5.5.41}$$

对于式（5.5.32），令$x=0$，并结合式（5.5.30）和式（5.5.40），得

$$u(0,t)=0-0+0+\int_0^t\delta(t-t_0)\mu(t_0)\mathrm{d}t_0-0=\mu(t)\tag{5.5.42}$$

对于式（5.5.32），令$x=l$，并结合式（5.5.30）和式（5.5.41），得

$$u(l,t)=0-0+0+0+\int_0^t\delta(t-t_0)\nu(t_0)\mathrm{d}t_0=\nu(t)\tag{5.5.43}$$

由式（5.5.42）和式（5.5.43）可知，式（5.5.32）满足边界条件式（5.5.31b）。

对式（5.5.38）关于t_0从0到$+\infty$积分得

$$-\frac{1}{a^2}\frac{\partial G(x,t;x_0,0)}{\partial t_0}=\frac{\partial^2}{\partial x_0^2}\int_0^{+\infty}G(x,t;x_0,t_0)\mathrm{d}t_0+\delta(x-x_0)\tag{5.5.44}$$

当 $t=0$ 时，式（5.5.44）变为

$$-\frac{\partial G(x,0;x_0,0)}{\partial t_0}=\delta(x-x_0) \tag{5.5.45}$$

对于式（5.5.32），令 $t=0$，并结合式（5.5.30）、式（5.5.44）和式（5.5.45），得

$$u(x,0)=0+\int_0^l \delta(x-x_0)\varphi(x_0)\mathrm{d}x_0+0+0+0+0=\varphi(x) \tag{5.5.46}$$

对式（5.5.32）关于 t 求导，令 $t=0$，并结合式（5.5.30）和式（5.5.45），得

$$\frac{\partial u(x,0)}{\partial t}=0+0+\int_0^l \delta(x-x_0)\psi(x_0)\mathrm{d}x_0+0+0+0=\psi(x) \tag{5.5.47}$$

由式（5.5.46）和式（5.5.47）可知，式（5.5.32）满足初始条件式（5.5.31c）。

小结

格林函数法求解偏微分方程的过程如下。

（1）求解定解问题对应的格林函数。该格林函数为一个定解问题的解。格林函数定解问题和原定解问题的定义域相同、定解条件的类型相同、方程的齐次项相同；不同的是，格林函数定解问题的定解条件是齐次的，方程的非齐次项为冲激函数。

（2）将格林函数代入解的积分表达式。不同类型的定解条件、不同类型的方程的解具有不同的积分表达式。例如，具有第一类边界条件的三维位势方程的解的积分表达式为式（5.2.19）。

（3）对积分表达式进行整理化简。对于定义在复杂区域内的定解问题，若得到了其格林函数，则可以方便地将定解问题的解表示为格林函数和源的积分形式。

习题 5

1．求解以下定解问题：

$$\begin{cases}\dfrac{\partial^2 u}{\partial x^2}+\dfrac{\partial^2 u}{\partial y^2}+\dfrac{\partial^2 u}{\partial z^2}=0, & -\infty<x<\infty,\ -\infty<y<\infty,\ z>3\\ u(x,y,3)=f(x,y), & -\infty<x<\infty,\ -\infty<y<\infty\end{cases}$$

2．求解以下定解问题：

$$\begin{cases}\dfrac{\partial^2 u}{\partial x^2}+\dfrac{\partial^2 u}{\partial y^2}+\dfrac{\partial^2 u}{\partial z^2}=0, & -\infty<x<\infty,\ -\infty<y<\infty,\ z>y\\ u(x,y,y)=f(x,y), & -\infty<x<\infty,\ -\infty<y<\infty\end{cases}$$

3．求四分之一空间狄利克雷问题的格林函数。

4．求解以下定解问题：

$$\begin{cases}\dfrac{\partial^2 u}{\partial x^2}+\dfrac{\partial^2 u}{\partial y^2}+\dfrac{\partial^2 u}{\partial z^2}=-F(x,y,z), & -\infty<x<\infty,\ -\infty<y<\infty,\ 0<z<1\\ u(x,y,0)=u(x,y,1)=0, & -\infty<x<\infty,\ -\infty<y<\infty\end{cases}$$

5．求球外狄利克雷问题的格林函数。

6．求二维矩形区域狄利克雷问题的格林函数。

7．求三维无界空间热传导方程的格林函数。

弗里德里希·威廉·贝塞尔（Friedrich Wilhelm Bessel，1784-7-22—1846-3-17），德国天文学家、数学家，天体测量学的奠基人之一。他在数学研究中提出了贝塞尔函数，讨论了该函数的一系列性质及其求解方法，为解决物理学和天文学的有关问题提供了重要工具。

第 6 章　贝塞尔函数

采用分离变量法在极坐标系内求解拉普拉斯方程时，会得到一个常系数的关于半径 ρ 的常微分方程，即欧拉方程。而采用分离变量法在极坐标系内求解热传导方程和波动方程，以及在圆柱坐标系内求解拉普拉斯方程、热传导方程和波动方程时，会得到一个变系数的关于半径 ρ 的常微分方程，即贝塞尔方程。贝塞尔方程的解称为贝塞尔函数。极坐标系和圆柱坐标系内贝塞尔函数的作用与直角坐标系内三角函数的作用类似，并且同样重要。

6.1　贝塞尔方程的引出

定解问题

$$\begin{cases} \dfrac{1}{a^2}\dfrac{\partial^2 u}{\partial t^2}=\dfrac{\partial^2 u}{\partial \rho^2}+\dfrac{1}{\rho}\dfrac{\partial u}{\partial \rho}+\dfrac{1}{\rho^2}\dfrac{\partial^2 u}{\partial \theta^2}, & \rho<R,\ -\infty<\theta<+\infty,\ t>0 \quad (6.1.1\text{a}) \\ u(R,\theta,t)=0, & -\infty<\theta<+\infty,\ t>0 \quad (6.1.1\text{b}) \\ u(\rho,\theta,0)=\varphi(\rho,\theta),\ \dfrac{\partial u(\rho,\theta,0)}{\partial t}=0, & \rho<R,\ -\infty<\theta<+\infty \quad (6.1.1\text{c}) \end{cases}$$

包含圆域内的齐次波动方程，在圆周 $\rho=R$ 处具有齐次边界条件。根据物理规律，在圆心处满足自然边界条件

$$|u(0,\theta,t)|<+\infty \tag{6.1.2}$$

关于 θ 具有周期边界条件

$$u(\rho,\theta,t)=u(\rho,\theta+2\pi,t) \tag{6.1.3}$$

定解问题式（6.1.1）可以采用分离变量法来求解。令

$$u(\rho,\theta,t)=P(\rho)\Theta(\theta)T(t) \tag{6.1.4}$$

代入式（6.1.1a）得

$$\frac{1}{a^2}P\Theta T'' = P''\Theta T + \frac{1}{\rho}P'\Theta T + \frac{1}{\rho^2}P\Theta''T \tag{6.1.5}$$

式（6.1.5）可化为

$$\frac{1}{a^2}\frac{T''}{T} = \frac{P''}{P} + \frac{1}{\rho}\frac{P'}{P} + \frac{1}{\rho^2}\frac{\Theta''}{\Theta} \tag{6.1.6}$$

要使式（6.1.6）成立，其左、右两边只能等于常数，即

$$T'' + \lambda a^2 T = 0 \tag{6.1.7}$$

$$\frac{P''}{P} + \frac{1}{\rho}\frac{P'}{P} + \frac{1}{\rho^2}\frac{\Theta''}{\Theta} = -\lambda \tag{6.1.8}$$

式（6.1.8）可化为

$$\rho^2\frac{P''}{P} + \rho\frac{P'}{P} + \lambda\rho^2 = -\frac{\Theta''}{\Theta} \tag{6.1.9}$$

要使式（6.1.9）成立，其左、右两边只能等于常数，即

$$\Theta'' + \mu\Theta = 0 \tag{6.1.10}$$

$$\rho^2 P'' + \rho P' + \left(\lambda\rho^2 - \mu\right)P = 0 \tag{6.1.11}$$

根据式（6.1.3）和式（6.1.10）可得

$$\mu = n^2,\ n = 0,1,2,3,\cdots \tag{6.1.12}$$

$$\Theta_n = A_n\cos n\theta + B_n\sin n\theta \tag{6.1.13}$$

将式（6.1.12）代入式（6.1.11）得

$$\rho^2 P'' + \rho P' + \left(\lambda\rho^2 - n^2\right)P = 0 \tag{6.1.14}$$

做变量代换，即

$$x = \sqrt{\lambda}\rho,\ y = P \tag{6.1.15}$$

可得到关于 ρ 的特征值问题

$$\begin{cases} x^2 y'' + xy' + \left(x^2 - n^2\right)y = 0, & x < \sqrt{\lambda}R \quad (6.1.16\text{a}) \\ y(\sqrt{\lambda}R) = 0, & |y(0)| < \infty \quad (6.1.16\text{b}) \end{cases}$$

式（6.1.16a）称为 n 阶贝塞尔方程。

6.2　贝塞尔方程的求解

设定解问题式（6.1.16）有一个级数解，形式为

$$y = x^c(a_0 + a_1x + a_2x^2 + \cdots + a_kx^k + \cdots) = \sum_{k=0}^{\infty} a_k x^{c+k}, \ a_0 \neq 0 \tag{6.2.1}$$

将式（6.2.1）代入式（6.1.16a）得

$$(c^2 - n^2)a_0x^c + \left[(c+1)^2 - n^2\right]a_1x^{c+1} + \sum_{k=2}^{\infty}\left\{\left[(c+k)^2 - n^2\right]a_k + a_{k-2}\right\}x^{c+k} = 0 \tag{6.2.2}$$

由 x 的各次幂的系数为零可得

$$(c^2 - n^2)a_0 = 0 \tag{6.2.3}$$

$$\left[(c+1)^2 - n^2\right]a_1 = 0 \tag{6.2.4}$$

$$\left[(c+k)^2 - n^2\right]a_k + a_{k-2} = 0 \tag{6.2.5}$$

求解式（6.2.3）～式（6.2.5），得

$$c = \pm n, \ a_k = \frac{a_{k-2}}{(c+k)^2 - n^2}, \ a_{2k+1} = 0 \tag{6.2.6}$$

a_0 可以是任何不为零的常数。为了使解的性质简单，可令

$$a_0 = \frac{1}{2^n\Gamma(n+1)} \tag{6.2.7}$$

其中，$\Gamma(\cdot)$ 为 Γ 函数，定义为

$$\Gamma(p) = \int_0^{+\infty} e^{-x}x^{p-1}dx \tag{6.2.8}$$

Γ 函数的图像如图 6.2.1 所示，其性质有

$$\Gamma(p+1) = p\Gamma(p) \tag{6.2.9}$$

$$\Gamma\left(\frac{1}{2}\right) = \sqrt{\pi} \tag{6.2.10}$$

$$\Gamma(n) = (n-1)! \ (n\text{为正整数}) \tag{6.2.11}$$

$$\Gamma(n) \to \infty \ (n \to 0, -1, -2, -3, \cdots) \tag{6.2.12}$$

确定了式（6.2.1）中的 c 和 a_k 之后，可以得到贝塞尔方程的两个特解，即

$$J_n(x) = \sum_{m=0}^{\infty} \frac{(-1)^m}{m!\cdot\Gamma(n+m+1)}\left(\frac{x}{2}\right)^{n+2m} \tag{6.2.13}$$

$$J_{-n}(x) = \sum_{m=0}^{\infty} \frac{(-1)^m}{m!\cdot\Gamma(-n+m+1)}\left(\frac{x}{2}\right)^{-n+2m} \tag{6.2.14}$$

当 n 不为整数时，$J_n(x)$ 和 $J_{-n}(x)$ 所含幂级数的项不同，因此，$J_n(x)$ 和 $J_{-n}(x)$ 线性无关。由于当自变量为非正整数时，Γ 函数的值为无穷大，因此，当 n 为正整数时，有

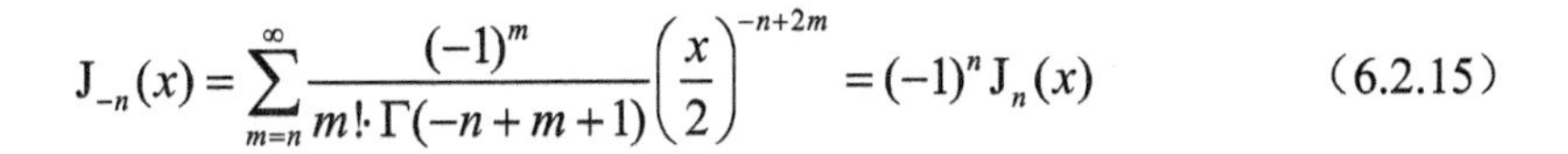

$$\mathrm{J}_{-n}(x)=\sum_{m=n}^{\infty}\frac{(-1)^m}{m!\cdot\Gamma(-n+m+1)}\left(\frac{x}{2}\right)^{-n+2m}=(-1)^n\mathrm{J}_n(x) \tag{6.2.15}$$

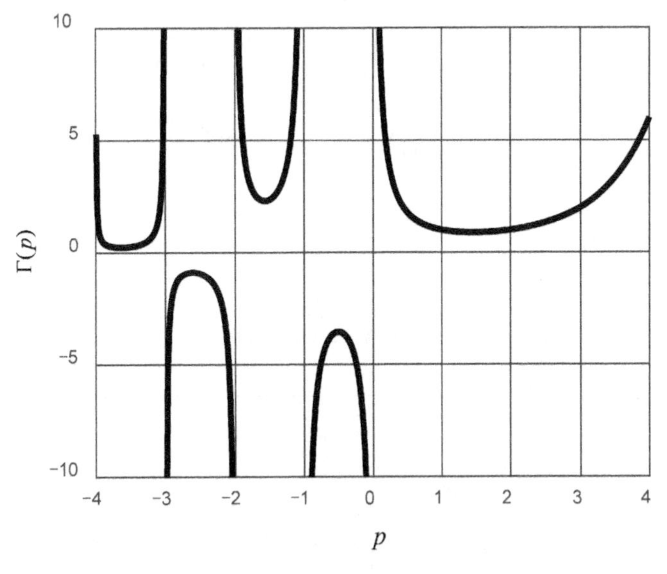

图 6.2.1　Γ 函数的图像

因此，当 n 为正整数时，$\mathrm{J}_n(x)$ 和 $\mathrm{J}_{-n}(x)$ 线性相关，不能用它们的线性组合来表示贝塞尔方程的通解。定义

$$\mathrm{Y}_n(x)=\lim_{\alpha\to n}\frac{\mathrm{J}_\alpha(x)\cos\alpha\pi-\mathrm{J}_{-\alpha}(x)}{\sin\alpha\pi} \tag{6.2.16}$$

显然，当 n 不为整数时，$\mathrm{Y}_n(x)$ 和 $\mathrm{J}_n(x)$ 线性无关；当 n 为整数时，$\mathrm{Y}_n(x)$ 的级数形式为

$$\mathrm{Y}_n(x)=\frac{2}{\pi}\mathrm{J}_n(x)\left(\ln\frac{x}{2}+\gamma\right)+\frac{x^n}{\pi}\sum_{m=0}^{+\infty}\frac{(-1)^{m-1}(h_m+h_{n+m})}{2^{2m+n}m!(n+m)!}x^{2m}-\frac{x^{-n}}{\pi}\sum_{m=0}^{n-1}\frac{(n-m-1)!}{2^{2m-n}m!}x^{2m} \tag{6.2.17}$$

其中，$h_0=0$；$h_m=\sum_{n=1}^{m}\frac{1}{n}$；$\gamma=\lim_{m\to+\infty}(h_m-\ln h_m)=0.57721566490\cdots$，为欧拉常数。由式(6.2.17)的第一项可得

$$\lim_{x\to 0}\mathrm{Y}_n(x)=-\infty \tag{6.2.18}$$

而 $\mathrm{J}_n(0)$ 是有界的，因此，$\mathrm{Y}_n(x)$ 和 $\mathrm{J}_n(x)$ 线性无关，即无论 n 是否为整数，贝塞尔方程的通解都可以写为

$$y=A\mathrm{J}_n(x)+B\mathrm{Y}_n(x) \tag{6.2.19}$$

其中，$\mathrm{J}_n(x)$ 称为 n 阶第一类贝塞尔函数或 n 阶贝塞尔函数；$\mathrm{Y}_n(x)$ 称为 n 阶第二类贝塞尔函数或 n 阶诺依曼函数。图 6.2.2 所示为前三个整数阶的贝塞尔函数曲线。

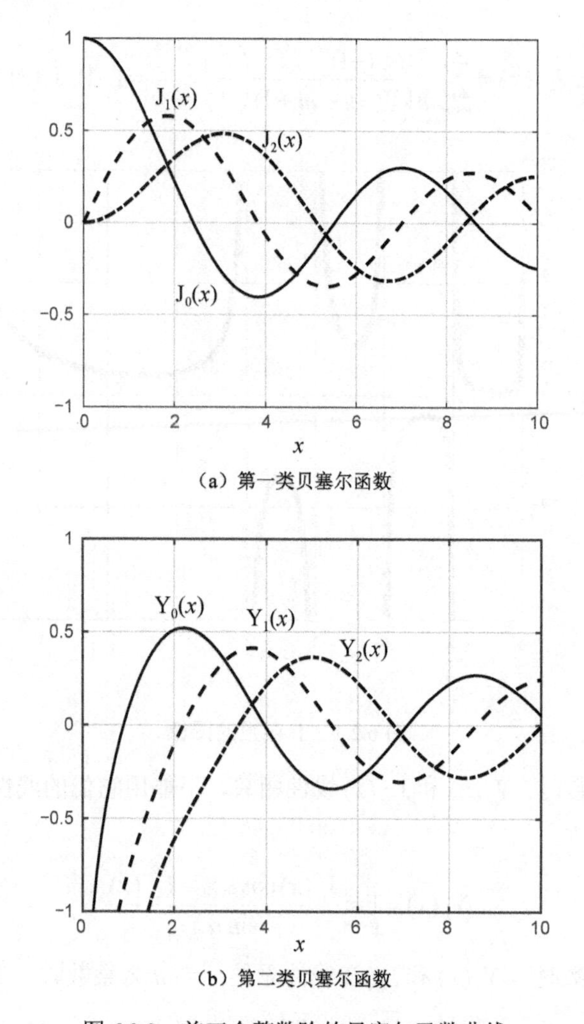

（a）第一类贝塞尔函数

（b）第二类贝塞尔函数

图 6.2.2　前三个整数阶的贝塞尔函数曲线

从图 6.2.2 中可以看出，当自变量很大时，贝塞尔函数曲线和三角函数曲线类似。其实，贝塞尔函数在极坐标系中的用途相当于三角函数在直角坐标系中的用途。

第一类贝塞尔函数 $\mathrm{J}_n(x)$ 除了级数形式[见式（6.2.13）]，还有积分形式，即

$$\mathrm{J}_n(x)=\frac{1}{2\pi}\int_0^{2\pi}\cos\left(n\xi-x\sin\xi\right)\mathrm{d}\xi \tag{6.2.20}$$

这也是贝塞尔在 1824 年研究的形式。

6.3　贝塞尔函数的性质

性质 1　有界性

根据交错级数审敛法的莱布尼茨定理和第一类贝塞尔函数 $\mathrm{J}_n(x)$ 的表达式[见式（6.2.13）]

可得，$J_n(x)$ 是有界的。根据莱布尼茨定理和第二类贝塞尔函数 $Y_n(x)$ 的表达式[见式（6.2.17）]可得，当 $x \neq 0$ 时，$Y_n(x)$ 是有界的。式（6.2.18）已经给出，当 $x = 0$ 时，$Y_n(x)$ 是无界的。

性质 2　奇偶性

由式（6.2.13）可得，当 n 为偶数时，$J_n(x)$ 为偶函数；当 n 为奇数时，$J_n(x)$ 为奇函数，即

$$J_n(-x) = (-1)^n J_n(x) \tag{6.3.1}$$

性质 3　递推性

根据贝塞尔函数的级数表达式，即式（6.2.13），可得

$$\begin{aligned}\frac{\mathrm{d}}{\mathrm{d}x}\left[x^n J_n(x)\right] &= \frac{\mathrm{d}}{\mathrm{d}x}\sum_{m=0}^{\infty}\frac{(-1)^m x^{2n+2m}}{2^{n+2m} m!\cdot\Gamma(n+m+1)} = \sum_{m=0}^{\infty}\frac{(-1)^m (2n+2m) x^{2n+2m-1}}{2^{n+2m} m!\cdot\Gamma(n+m+1)} \\ &= x^n \sum_{m=0}^{\infty}\frac{(-1)^m x^{n+2m-1}}{2^{n+2m-1} m!\cdot\Gamma(n+m)} = x^n J_{n-1}(x)\end{aligned} \tag{6.3.2a}$$

同理可得

$$\frac{\mathrm{d}}{\mathrm{d}x}\left[x^{-n} J_n(x)\right] = -x^{-n} J_{n+1}(x) \tag{6.3.2b}$$

由式（6.3.2a）和式（6.3.2b）可得

$$J_{n-1}(x) + J_{n+1}(x) = \frac{2n}{x} J_n(x) \tag{6.3.2c}$$

$$J_{n-1}(x) - J_{n+1}(x) = 2J_n'(x) \tag{6.3.2d}$$

式（6.3.2a）～式（6.3.2d）为第一类贝塞尔函数的四个递推公式，它们描述了不同阶贝塞尔函数之间的关系。用式（6.3.2b）可以很快得出

$$J_0'(x) = -J_1(x) \tag{6.3.3}$$

第二类贝塞尔函数 $Y_n(x)$ 有同样的性质，即

$$\frac{\mathrm{d}}{\mathrm{d}x}\left[x^n Y_n(x)\right] = x^n Y_{n-1}(x) \tag{6.3.4a}$$

$$\frac{\mathrm{d}}{\mathrm{d}x}\left[x^{-n} J_n(x)\right] = -x^{-n} J_{n+1}(x) \tag{6.3.4b}$$

$$Y_{n-1}(x) + Y_{n+1}(x) = \frac{2n}{x} Y_n(x) \tag{6.3.4c}$$

$$Y_{n-1}(x) - Y_{n+1}(x) = 2Y_n'(x) \tag{6.3.4d}$$

性质 4　零点性质

$\mu_m^{(n)}$ 表示 n 阶贝塞尔函数 $J_n(x)$ 的第 m 个正零点。n 阶贝塞尔函数 $J_n(x)$ 的零点性质如下。

（1）$J_n(x)$ 有无穷多个零点。

（2）$J_n(x)$ 和 $J_{n+1}(x)$ 的零点相间分布，即 $\mu_m^{(n)} < \mu_m^{(n+1)} < \mu_{m+1}^{(n)} < \mu_{m+1}^{(n+1)}$。

（3）$J_n(x)$ 的零点趋于周期分布，即 $\lim\limits_{m\to\infty}\left[\mu_{m+1}^{(n)} - \mu_m^{(n)}\right] = \pi$。

当自变量 x 很大时，根据式（6.6.11），$J_n(x)$ 近似为三角函数，因此，性质 1 和性质 3 得证。式（6.3.2a）可以表示 $x^{n+1}J_{n+1}(x)$ 的导数为零处是 $x^{n+1}J_n(x)$ 的零点，式（6.3.2b）可以表示 $x^{-n}J_n(x)$ 的导数为零处是 $x^{-n}J_{n+1}(x)$ 的零点，由微分中值定理可得性质 2。第二类贝塞尔函数 $Y_n(x)$ 有类似的零点性质。

表 6.3.1 给出了 0 阶、1 阶和 2 阶贝塞尔函数前几个正零点的近似值 $\mu_m^{(n)}$，这些数值精确到小数点后第四位。

表 6.3.1　贝塞尔函数零点的具体数值

m	n		
	0	1	2
1	2.4048	3.8317	5.1356
2	5.5201	7.0156	8.4172
3	8.6537	10.1735	11.6198
4	11.7915	13.3237	14.7960
5	14.9309	16.4706	17.9598
6	18.0711	19.6159	21.1170
7	21.2116	22.7601	24.2701

性质 5　初值性质

根据贝塞尔函数的级数表达式，可得

$$J_0(0) = 1 \tag{6.3.5}$$

$$J_n(0) = 0,\ n \neq 0 \tag{6.3.6}$$

根据式（6.3.2d）、式（6.3.5）和式（6.3.6），可得

$$J_1'(0) = \frac{1}{2}\left[J_0(0) - J_2(0)\right] = \frac{1}{2} \tag{6.3.7}$$

$$J_n'(0) = \frac{1}{2}\left[J_{n-1}(0) - J_{n+1}(0)\right] = 0 \tag{6.3.8}$$

性质 6　半奇数阶的贝塞尔函数

根据贝塞尔函数的级数表达式，可得

$$J_{\frac{1}{2}}(x)=\sum_{m=0}^{\infty}\frac{(-1)^m}{m!\cdot\Gamma\left(\frac{3}{2}+m\right)}\left(\frac{x}{2}\right)^{\frac{1}{2}+2m}$$

$$=\sum_{m=0}^{\infty}\frac{(-1)^m}{m!\cdot\frac{1}{2}\cdot\left(1+\frac{1}{2}\right)\cdot\left(2+\frac{1}{2}\right)\cdots\left(m+\frac{1}{2}\right)\cdot\Gamma\left(\frac{1}{2}\right)}\left(\frac{x}{2}\right)^{\frac{1}{2}+2m} \tag{6.3.9}$$

$$=\sqrt{\frac{2}{x\pi}}\sum_{m=0}^{\infty}\frac{(-1)^m}{(2m+1)!}x^{2m+1}=\sqrt{\frac{2}{x\pi}}\sin x$$

同理可得

$$J_{-\frac{1}{2}}(x)=\sqrt{\frac{2}{x\pi}}\cos x \tag{6.3.10}$$

所有半奇数阶的贝塞尔函数都是初等函数，即

$$J_{\frac{2n+1}{2}}(x)=(-1)^n\sqrt{\frac{2}{\pi}}x^{n+\frac{1}{2}}\left(\frac{1}{x}\cdot\frac{d}{dx}\right)^n\left(\frac{\sin x}{x}\right) \tag{6.3.11}$$

$$J_{-\frac{2n+1}{2}}(x)=\sqrt{\frac{2}{\pi}}x^{n+\frac{1}{2}}\left(\frac{1}{x}\cdot\frac{d}{dx}\right)^n\left(\frac{\cos x}{x}\right) \tag{6.3.12}$$

对于半奇数阶的诺依曼函数，有

$$Y_{\frac{2n+1}{2}}(x)=(-1)^{n+1}J_{-\frac{2n+1}{2}}(x) \tag{6.3.13}$$

性质 7　正交性

贝塞尔函数的正交性表示为

$$\int_0^R \rho J_n\left(\frac{\mu_m^{(n)}}{R}\rho\right)J_n\left(\frac{\mu_k^{(n)}}{R}\rho\right)d\rho=\begin{cases}0, & m\neq k \quad (6.3.14a)\\ \frac{R^2}{2}J_{n-1}^2(\mu_m^{(n)})=\frac{R^2}{2}J_{n+1}^2(\mu_m^{(n)}), & m=k \quad (6.3.14b)\end{cases}$$

通常称$\sqrt{\int_0^R \rho J_n^2\left(\frac{\mu_m^{(n)}}{R}\rho\right)d\rho}$为$J_n\left(\frac{\mu_m^{(n)}}{R}\rho\right)$的模。

在证明式（6.3.14）时，为了书写方便，令

$$F_1(\rho)=J_n\left(\frac{\mu_m^{(n)}}{R}\rho\right) \tag{6.3.15}$$

$$F_2(\rho)=J_n(\alpha\rho) \tag{6.3.16}$$

它们都满足贝塞尔方程，因此有

$$\frac{\mathrm{d}}{\mathrm{d}\rho}\left[\rho F_1'(\rho)\right]+\left[\left(\frac{\mu_m^{(n)}}{R}\right)^2\rho-\frac{n^2}{\rho}\right]F_1(\rho)=0 \tag{6.3.17}$$

$$\frac{\mathrm{d}}{\mathrm{d}\rho}\left[\rho F_2'(\rho)\right]+\left[\alpha^2\rho-\frac{n^2}{\rho}\right]F_2(\rho)=0 \tag{6.3.18}$$

式（6.3.17）和式（6.3.18）先分别乘以$F_2(\rho)$与$F_1(\rho)$，再积分相减得

$$\begin{aligned}\left[\left(\frac{\mu_m^{(n)}}{R}\right)^2-\alpha^2\right]\int_0^R\rho F_1(\rho)F_2(\rho)\mathrm{d}\rho&=\int_0^R\frac{\mathrm{d}}{\mathrm{d}\rho}\left[\rho F_2'(\rho)\right]F_1(\rho)\mathrm{d}\rho-\int_0^R\frac{\mathrm{d}}{\mathrm{d}\rho}\left[\rho F_1'(\rho)\right]F_2(\rho)\mathrm{d}\rho\\&=\int_0^R\mathrm{d}\left[\rho F_2'(\rho)F_1(\rho)\right]-\int_0^R\mathrm{d}\left[\rho F_1'(\rho)F_2(\rho)\right]\\&=-RF_1'(R)F_2(R)\end{aligned} \tag{6.3.19}$$

因此，有

$$\int_0^R\rho F_1(\rho)F_2(\rho)\mathrm{d}\rho=-\frac{RF_1'(R)F_2(R)}{\left(\frac{\mu_m^{(n)}}{R}\right)^2-\alpha^2} \tag{6.3.20}$$

当$m\neq k$时，令$\alpha=\frac{\mu_k^{(n)}}{R}$，得$F_2(R)=0$，式（6.3.14a）得证；当$m=k$时，令$\alpha=\frac{\mu_m^{(n)}}{R}$，分子、分母都为零，用洛必达法则可得

$$\begin{aligned}\int_0^R\rho F_1(\rho)F_2(\rho)\mathrm{d}\rho&=-\frac{\mu_m^{(n)}\mathrm{J}_n'\left(\mu_m^{(n)}\right)\mathrm{J}_n(\alpha R)}{\left(\frac{\mu_m^{(n)}}{R}\right)^2-\alpha^2}\\&=-\lim_{\alpha\to\frac{\mu_m^{(n)}}{R}}\frac{R\mu_m^{(n)}\mathrm{J}_n'\left(\mu_m^{(n)}\right)\mathrm{J}_n'(\alpha R)}{-2\alpha}\\&=\frac{R^2}{2}\left[\mathrm{J}_n'\left(\mu_m^{(n)}\right)\right]^2=\frac{R^2}{2}\mathrm{J}_{n-1}^2\left(\mu_m^{(n)}\right)=\frac{R^2}{2}\mathrm{J}_{n+1}^2\left(\mu_m^{(n)}\right)\end{aligned} \tag{6.3.21}$$

式（6.3.14b）得证。

利用正交性，即式（6.3.14）可以把定义在区间$[0,R]$上的函数$f(\rho)$展开成贝塞尔函数$\mathrm{J}_n\left(\frac{\mu_m^{(n)}}{R}\rho\right)$，形如

$$f(\rho)=\sum_{m=1}^{\infty}C_m\mathrm{J}_n(\frac{\mu_m^{(n)}}{R}\rho) \tag{6.3.22}$$

的级数形式，级数的系数为

$$C_m = \frac{\int_0^R \rho f(\rho) \mathrm{J}_n(\frac{\mu_m^{(n)}}{R}\rho) \mathrm{d}\rho}{\frac{R^2}{2} \mathrm{J}_{n+1}^2(\mu_m^{(n)})} \tag{6.3.23}$$

6.4 贝塞尔函数的应用

回到本章最开始求解的定解问题式（6.1.1）。为了方便，这里重写为

$$\begin{cases} \frac{1}{a^2}\frac{\partial^2 u}{\partial t^2} = \frac{\partial^2 u}{\partial \rho^2} + \frac{1}{\rho}\frac{\partial u}{\partial \rho} + \frac{1}{\rho^2}\frac{\partial^2 u}{\partial \theta^2}, & \rho < R,\ -\infty < \theta < +\infty,\ t > 0 & (6.4.1\text{a}) \\ u(R,\theta,t) = 0, & -\infty < \theta < +\infty,\ t > 0 & (6.4.1\text{b}) \\ u(\rho,\theta,0) = \varphi(\rho,\theta),\ \frac{\partial u(\rho,\theta,0)}{\partial t} = 0, & \rho < R,\ -\infty < \theta < +\infty & (6.4.1\text{c}) \end{cases}$$

通过分离变量，即

$$u(\rho,\theta,t) = P(\rho)\Theta(\theta)T(t) \tag{6.4.2}$$

得

$$\Theta'' + \mu\Theta = 0 \tag{6.4.3}$$

$$\rho^2 P'' + \rho P' + (\lambda\rho^2 - \mu)P = 0 \tag{6.4.4}$$

$$T'' + \lambda a^2 T = 0 \tag{6.4.5}$$

根据周期边界条件

$$u(\rho,\theta,t) = u(\rho,\theta + 2\pi,t) \tag{6.4.6}$$

得出式（6.4.3）的特征值和特征方程，即

$$\mu = n^2,\ n = 0,1,2,3,\cdots \tag{6.4.7}$$

$$\Theta_n = A_n \cos n\theta + B_n \sin n\theta \tag{6.4.8}$$

将式（6.4.7）代入式（6.4.4）得

$$\rho^2 P'' + \rho P' + (\lambda\rho^2 - n^2)P = 0 \tag{6.4.9}$$

其定解条件为

$$|P(0)| < +\infty \tag{6.4.10}$$

$$P(R) = 0 \tag{6.4.11}$$

当 $\lambda = 0$ 时，式（6.4.9）变为

$$\rho^2 P'' + \rho P' - n^2 P = 0 \tag{6.4.12}$$

式（6.4.12）为欧拉方程，其通解为

$$P = C\rho^n + D\rho^{-n} \tag{6.4.13}$$

根据定解条件式（6.4.10）和式（6.4.11），得

$$P = 0 \tag{6.4.14}$$

当$\lambda = \beta^2 > 0$时，式（6.4.9）变为

$$\rho^2 P'' + \rho P' + \left(\beta^2 \rho^2 - n^2\right) P = 0 \tag{6.4.15}$$

其通解为

$$P = C\mathrm{J}_n(\beta\rho) + D\mathrm{Y}_n(\beta\rho) \tag{6.4.16}$$

根据定解条件式（6.4.10）和贝塞尔函数的有界性，得

$$P = C\mathrm{J}_n(\beta\rho) \tag{6.4.17}$$

根据定解条件式（6.4.11），得

$$P(R) = C\mathrm{J}_n(\beta R) = 0 \tag{6.4.18}$$

因此，有

$$\beta_{mn} = \frac{\mu_m^{(n)}}{R}，\ m = 1,2,3,\cdots \tag{6.4.19}$$

$$\lambda_{mn} = \left(\frac{\mu_m^{(n)}}{R}\right)^2 \tag{6.4.20}$$

$$P_{mn} = C_{mn}\mathrm{J}_0\left(\frac{\mu_m^{(n)}}{R}\rho\right) \tag{6.4.21}$$

当$\lambda = -\beta^2 < 0$时，式（6.4.9）变为

$$\rho^2 P'' + \rho P' + \left[(\mathrm{j}\beta)^2 \rho^2 - n^2\right] P = 0 \tag{6.4.22}$$

其通解为

$$P = C\mathrm{J}_n(\mathrm{j}\beta\rho) + D\mathrm{Y}_n(\mathrm{j}\beta\rho) \tag{6.4.23}$$

由于贝塞尔函数$\mathrm{Y}_n(x)$和$\mathrm{J}_n(x)$只有实数零点，因此式（6.4.23）无实数零点。根据定解条件式（6.4.10）和式（6.4.11），得

$$P = 0 \tag{6.4.24}$$

将特征值式（6.4.20）代入式（6.4.5），关于T的方程变为

$$T''_{mn}+\left(\frac{\mu_m^{(n)}}{R}\right)^2 a^2 T_{mn}=0 \tag{6.4.25}$$

其通解为

$$T_{mn}=E_{mn}\cos\frac{\mu_m^{(n)}}{R}at+F_{mn}\sin\frac{\mu_m^{(n)}}{R}at \tag{6.4.26}$$

根据初始条件式（6.4.1c）中的初始速度为零，可以得出 $F_{mn}=0$，因此有

$$T_{mn}=E_{mn}\cos\frac{\mu_m^{(n)}}{R}at \tag{6.4.27}$$

根据式（6.4.8）、式（6.4.21）和式（6.4.27），得式（6.4.1a）的通解为

$$\begin{aligned}u&=\sum_{m=1}^{\infty}\sum_{n=0}^{\infty}(A_n\cos n\theta+B_n\sin n\theta)C_{mn}\mathrm{J}_n\left(\frac{\mu_m^{(n)}}{R}\rho\right)E_{mn}\cos\frac{\mu_m^{(n)}}{R}at\\&=\sum_{m=1}^{\infty}\sum_{n=0}^{\infty}(G_{mn}\cos n\theta+H_{mn}\sin n\theta)\mathrm{J}_n\left(\frac{\mu_m^{(n)}}{R}\rho\right)\cos\frac{\mu_m^{(n)}}{R}at\end{aligned} \tag{6.4.28}$$

将式（6.4.28）代入初始条件式（6.4.1c）中的初始位移，得

$$u(\rho,\theta,0)=\sum_{m=1}^{\infty}\sum_{n=0}^{\infty}(G_{mn}\cos n\theta+H_{mn}\sin n\theta)\mathrm{J}_n\left(\frac{\mu_m^{(n)}}{R}\rho\right)=\varphi(\rho,\theta) \tag{6.4.29}$$

将 $\varphi(\rho,\theta)$ 按照贝塞尔函数的级数形式展开为

$$\varphi(\rho,\theta)=\sum_{m=1}^{\infty}I_{mn}\mathrm{J}_n\left(\frac{\mu_m^{(n)}}{R}\rho\right) \tag{6.4.30}$$

其中

$$I_{mn}=\frac{\int_0^R\rho\varphi(\rho,\theta)\mathrm{J}_n\left(\frac{\mu_m^{(n)}}{R}\rho\right)\mathrm{d}\rho}{\frac{R^2}{2}\mathrm{J}_{n+1}^2(\mu_m^{(n)})} \tag{6.4.31}$$

对比式（6.4.29）和式（6.4.30）中的级数可得

$$\sum_{n=0}^{\infty}(G_{mn}\cos n\theta+H_{mn}\sin n\theta)=I_{mn} \tag{6.4.32}$$

将 I_{mn} 按照三角函数的级数形式展开，可得系数为

$$\begin{aligned}G_{m0}&=\frac{1}{2\pi}\int_0^{2\pi}I_{m0}\mathrm{d}\theta\\G_{mn}&=\frac{1}{\pi}\int_0^{2\pi}I_{mn}\cos n\theta\mathrm{d}\theta,\quad n=1,2,3,\cdots\\H_{mn}&=\frac{1}{\pi}\int_0^{2\pi}I_{mn}\sin n\theta\mathrm{d}\theta,\quad n=1,2,3,\cdots\end{aligned} \tag{6.4.33}$$

把系数式（6.4.33）代入通解式（6.4.28）即可得到定解问题式（6.4.1）的解。

6.5 其他类型的贝塞尔函数

第一类贝塞尔函数 $\mathrm{J}_n(x)$ 和第二类贝塞尔函数 $\mathrm{Y}_n(x)$ 为极坐标系中的函数，极坐标系中的驻波可以用贝塞尔函数来表示。

类似欧拉公式

$$\mathrm{e}^{\mathrm{j}\theta}=\cos\theta+\mathrm{j}\sin\theta \tag{6.5.1}$$

第一类贝塞尔函数和第二类贝塞尔函数的组合为

$$\mathrm{H}_n^{(1)}(x)=\mathrm{J}_n(x)+\mathrm{j}\mathrm{Y}_n(x) \tag{6.5.2}$$

$$\mathrm{H}_n^{(2)}(x)=\mathrm{J}_n(x)-\mathrm{j}\mathrm{Y}_n(x) \tag{6.5.3}$$

其中，$\mathrm{H}_n^{(1)}(x)$ 和 $\mathrm{H}_n^{(2)}(x)$ 为第三类贝塞尔函数，或者分别称之为第一类汉克尔函数和第二类汉克尔函数。汉克尔函数在极坐标系中的用途相当于以 e 为底的虚数指数函数在直角坐标系中的用途。极坐标系中的行波可以用汉克尔函数来表示。汉克尔函数具有与第一类贝塞尔函数相同的递推公式，即

$$\frac{\mathrm{d}}{\mathrm{d}x}\left[x^n\mathrm{H}_n^{(i)}(x)\right]=x^n\mathrm{H}_{n-1}^{(i)}(x) \tag{6.5.4a}$$

$$\frac{\mathrm{d}}{\mathrm{d}x}\left[x^{-n}\mathrm{H}_n^{(i)}(x)\right]=-x^{-n}\mathrm{H}_{n+1}^{(i)}(x) \tag{6.5.4b}$$

$$\mathrm{H}_{n-1}^{(i)}(x)+\mathrm{H}_{n+1}^{(i)}(x)=\frac{2n}{x}\mathrm{H}_n^{(i)}(x) \tag{6.5.4c}$$

$$\mathrm{H}_{n-1}^{(i)}(x)-\mathrm{H}_{n+1}^{(i)}(x)=2\mathrm{H}_n^{(i)\prime}(x) \tag{6.5.4d}$$

其中，i 为 1 或 2。

贝塞尔方程

$$x^2y''+xy'+\left(x^2-n^2\right)y=0 \tag{6.5.5}$$

的通解不仅可以写成第一类贝塞尔函数和第二类贝塞尔函数组合的形式，即

$$y=A\mathrm{J}_n(x)+B\mathrm{Y}_n(x) \tag{6.5.6}$$

还可以写成第一类汉克尔函数和第二类汉克尔函数组合的形式，即

$$y=C\mathrm{H}_n^{(1)}(x)+D\mathrm{H}_n^{(2)}(x) \tag{6.5.7}$$

当第一类贝塞尔函数的自变量为虚数时，根据式（6.2.13），可得

$$\mathrm{J}_n(\mathrm{j}x)=\sum_{m=0}^{\infty}\frac{(-1)^m}{m!\cdot\Gamma(n+m+1)}\left(\frac{\mathrm{j}x}{2}\right)^{n+2m}=\mathrm{j}^n\sum_{m=0}^{\infty}\frac{1}{m!\cdot\Gamma(n+m+1)}\left(\frac{x}{2}\right)^{n+2m} \tag{6.5.8}$$

做运算，即

$$\mathrm{I}_n(x)=\mathrm{j}^{-n}\mathrm{J}_n(\mathrm{j}x)=\sum_{m=0}^{\infty}\frac{1}{m!\cdot\Gamma(n+m+1)}\left(\frac{x}{2}\right)^{n+2m} \tag{6.5.9}$$

其中，$\mathrm{I}_n(x)$ 为实函数。类似式（6.2.16），定义

$$\mathrm{K}_n(x)=\lim_{\alpha\to n}\frac{\pi\left[\mathrm{I}_{-\alpha}(x)-\mathrm{I}_{\alpha}(x)\right]}{2\sin\alpha\pi} \tag{6.5.10}$$

$\mathrm{K}_n(x)$ 的级数形式为

$$\begin{aligned}\mathrm{K}_n(x)=&\frac{1}{2}\sum_{m=0}^{n-1}\frac{(-1)^m(n-m-1)!}{m!}\left(\frac{x}{2}\right)^{2m-n}+\\&(-1)^{n+1}\sum_{m=0}^{+\infty}\frac{(x/2)^{n+2m}}{m!(n+m)!}\left[\ln\frac{x}{2}-\frac{1}{2}\Psi(m+1)-\frac{1}{2}\Psi(n+m+1)\right]\end{aligned} \tag{6.5.11}$$

其中，$\Psi(m+1)=h_m-\gamma$。

$\mathrm{I}_n(x)$ 和 $\mathrm{K}_n(x)$ 分别称为第一类变形的贝塞尔函数与第二类变形的贝塞尔函数，或者称之为第一类虚宗量的贝塞尔函数和第二类虚宗量的贝塞尔函数。当三角函数的自变量为虚数时，三角函数将变为指数函数。变形的贝塞尔函数在极坐标系中的用途相当于以 e 为底的实数指数函数在直角坐标系中的用途。极坐标系中的衰落波可以用变形的贝塞尔函数来表示。图 6.5.1 所示为前三个整数阶的变形的贝塞尔函数曲线。从图 6.5.1 中可以看出，$\mathrm{I}_n(x)$ 和 $\mathrm{K}_n(x)$ 与指数函数类似，没有实数零点。

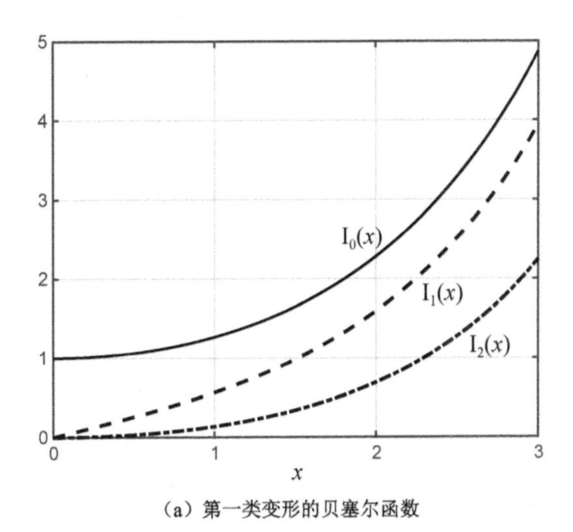

（a）第一类变形的贝塞尔函数

图 6.5.1　前三个整数阶的变形的贝塞尔函数曲线

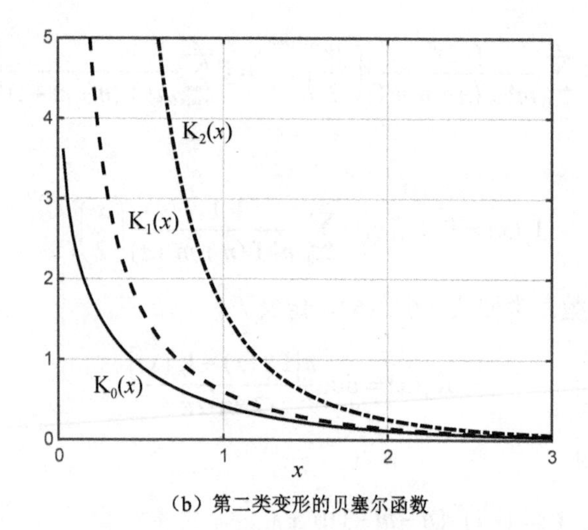

（b）第二类变形的贝塞尔函数

图 6.5.1　前三个整数阶的变形的贝塞尔函数曲线（续）

变形的贝塞尔方程

$$x^2 y'' + xy' - \left(x^2 + n^2\right) y = 0 \tag{6.5.12}$$

的通解可以写成第一类变形的贝塞尔函数和第二类变形的贝塞尔函数组合的形式，即

$$y = A\mathrm{I}_n(x) + B\mathrm{K}_n(x) \tag{6.5.13}$$

或

$$y = C\mathrm{J}_n(\mathrm{j}x) + D\mathrm{Y}_n(\mathrm{j}x) \tag{6.5.14}$$

变形的贝塞尔函数的递推公式与前三类贝塞尔函数的递推公式不完全相同，它们为

$$\frac{\mathrm{d}}{\mathrm{d}x}\left[x^n \mathrm{I}_n(x)\right] = x^n \mathrm{I}_{n-1}(x) \tag{6.5.15a}$$

$$\frac{\mathrm{d}}{\mathrm{d}x}\left[x^{-n} \mathrm{I}_n(x)\right] = x^{-n} \mathrm{I}_{n+1}(x) \tag{6.5.15b}$$

$$\mathrm{I}_{n-1}(x) - \mathrm{I}_{n+1}(x) = \frac{2n}{x} \mathrm{I}_n(x) \tag{6.5.15c}$$

$$\mathrm{I}_{n-1}(x) + \mathrm{I}_{n+1}(x) = 2\mathrm{I}_n{}'(x) \tag{6.5.15d}$$

$$\frac{\mathrm{d}}{\mathrm{d}x}\left[x^n \mathrm{K}_n(x)\right] = -x^n \mathrm{K}_{n-1}(x) \tag{6.5.16a}$$

$$\frac{\mathrm{d}}{\mathrm{d}x}\left[x^{-n} \mathrm{K}_n(x)\right] = -x^{-n} \mathrm{K}_{n+1}(x) \tag{6.5.16b}$$

$$\mathrm{K}_{n-1}(x) - \mathrm{K}_{n+1}(x) = -\frac{2n}{x} \mathrm{K}_n(x) \tag{6.5.16c}$$

$$\mathrm{K}_{n-1}(x) + \mathrm{K}_{n+1}(x) = -2\mathrm{K}_n{}'(x) \tag{6.5.16d}$$

负整数阶和正整数阶的变形的贝塞尔函数之间的关系也与前三类贝塞尔函数不同，即

$$\mathrm{I}_{-n}(x)=\mathrm{I}_n(x) \tag{6.5.17}$$

$$\mathrm{K}_{-n}(x)=\mathrm{K}_n(x) \tag{6.5.18}$$

6.6　贝塞尔函数的渐近公式

在有些场合，贝塞尔函数的级数表达式不利于分析实际问题的规律。当自变量很小或很大时，可以推导出一些用初等函数表示的渐近公式，以方便对实际问题的规律进行理解。

当 x 很小时，有

$$\mathrm{J}_n(x)\approx\frac{x^n}{2^n n!} \tag{6.6.1}$$

$$\mathrm{Y}_0(x)\approx\frac{2}{\pi}\left(\ln\frac{x}{2}+\gamma\right) \tag{6.6.2}$$

$$\mathrm{Y}_n(x)\approx\frac{2^n(n-1)!}{\pi x^n},\quad n>0 \tag{6.6.3}$$

$$\mathrm{H}_0^{(1)}(x)\approx 1+\mathrm{j}\frac{2}{\pi}\left(\ln\frac{x}{2}+\gamma\right) \tag{6.6.4}$$

$$\mathrm{H}_n^{(1)}(x)\approx\frac{x^n}{2^n n!}+\mathrm{j}\frac{2^n(n-1)!}{\pi x^n},\quad n>0 \tag{6.6.5}$$

$$\mathrm{H}_0^{(2)}(x)\approx 1-\mathrm{j}\frac{2}{\pi}\left(\ln\frac{x}{2}+\gamma\right) \tag{6.6.6}$$

$$\mathrm{H}_n^{(2)}(x)\approx\frac{x^n}{2^n n!}-\mathrm{j}\frac{2^n(n-1)!}{\pi x^n},\quad n>0 \tag{6.6.7}$$

$$\mathrm{I}_n(x)\approx\frac{x^n}{2^n n!} \tag{6.6.8}$$

$$\mathrm{K}_0(x)\approx\ln\frac{2}{x}-\gamma \tag{6.6.9}$$

$$\mathrm{K}_n(x)\approx\frac{(n-1)!}{2}\left(\frac{x}{2}\right)^{-n},\quad n>0 \tag{6.6.10}$$

只留下式（6.2.13）、式（6.2.17）、式（6.5.9）和式（6.5.11）中当 $x\to 0$ 时起主要作用的项，即可得出式（6.6.1）～式（6.6.10）。

当 x 很大时，有

$$\mathrm{J}_n(x)\approx\sqrt{\frac{2}{\pi x}}\cos\left(x-\frac{\pi}{4}-\frac{n\pi}{2}\right)\tag{6.6.11}$$

$$\mathrm{Y}_n(x)\approx\sqrt{\frac{2}{\pi x}}\sin\left(x-\frac{\pi}{4}-\frac{n\pi}{2}\right)\tag{6.6.12}$$

$$\mathrm{H}_n^{(1)}(x)\approx\sqrt{\frac{2}{\pi x}}\mathrm{e}^{\mathrm{j}\left(x-\frac{\pi}{4}-\frac{n\pi}{2}\right)}\tag{6.6.13}$$

$$\mathrm{H}_n^{(2)}(x)\approx\sqrt{\frac{2}{\pi x}}\mathrm{e}^{-\mathrm{j}\left(x-\frac{\pi}{4}-\frac{n\pi}{2}\right)}\tag{6.6.14}$$

$$\mathrm{I}_n(x)\approx\frac{1}{\sqrt{2\pi x}}\mathrm{e}^{x}\tag{6.6.15}$$

$$\mathrm{K}_n(x)\approx\sqrt{\frac{\pi}{2x}}\mathrm{e}^{-x}\tag{6.6.16}$$

从这些渐近公式中可以很清楚地看出贝塞尔函数与三角函数和指数函数的相似性。渐近公式前面的系数表示贝塞尔函数的幅度以半径的平方根的速度衰减。

式（6.6.11）可以采用贝塞尔函数的积分形式[见式（6.2.20）]来证明。对式（6.2.20）进行变换，得

$$\begin{aligned}\mathrm{J}_n(x)&=\frac{1}{2\pi}\int_0^{2\pi}\cos(n\xi-x\sin\xi)\mathrm{d}\xi\\&=\frac{1}{\pi}\mathrm{Re}\left[\int_0^{\pi}\mathrm{e}^{\mathrm{j}(n\xi-x\sin\xi)}\mathrm{d}\xi\right]=\frac{1}{\pi}\mathrm{Re}\left[\int_0^{\pi}\mathrm{e}^{-\mathrm{j}x\sin\xi}\cos n\xi\mathrm{d}\xi\right]\end{aligned}\tag{6.6.17}$$

当 x 很大时，$\mathrm{e}^{-\mathrm{j}x\sin\xi}$ 表示一个随 ξ 快速变化的振荡，而 $\cos n\xi$ 随 ξ 缓慢变化。根据驻相法（有兴趣的读者可以自行学习驻相法）求解式（6.2.20）中的积分，即可得式（6.6.11）。

将式（6.6.11）代入式（6.2.16）并取极限可得式（6.6.12）。式（6.6.13）和式（6.6.14）是将式（6.6.11）、式（6.6.12）分别代入式（6.5.2）、式（6.5.3）得到的。将式（6.6.11）代入式（6.5.9）的前半部分得

$$\mathrm{I}_n(x)\approx\frac{1}{\sqrt{2\pi x}}\mathrm{e}^{x}-\mathrm{j}\frac{\mathrm{e}^{-\mathrm{j}n\pi}}{\sqrt{2\pi x}}\mathrm{e}^{-x}\tag{6.6.18}$$

省略右边第二项即可得式（6.6.15）。将式（6.6.18）代入式（6.5.10）并取极限可得式（6.6.16）。

6.7 球贝塞尔函数

球域内的波动方程为

$$\frac{1}{a^2}\frac{\partial^2 u}{\partial t^2}=\frac{1}{r^2}\frac{\partial}{\partial r}\left(r^2\frac{\partial u}{\partial r}\right)+\frac{1}{r^2\sin\theta}\frac{\partial}{\partial\theta}\left(\sin\theta\frac{\partial u}{\partial\theta}\right)+\frac{1}{r^2\sin^2\theta}\frac{\partial^2 u}{\partial\varphi^2} \tag{6.7.1}$$

令

$$u=R(r)\Theta(\theta)\Phi(\varphi)T(t) \tag{6.7.2}$$

对式（6.7.1）进行分离变量，可得关于 r 的方程为

$$r^2R''+2rR'+\left[k^2r^2-n(n+1)\right]R=0 \tag{6.7.3}$$

其中，k^2 和 $n(n+1)$ 为分离变量过程中的特征值。对于波动方程，有 $k^2>0$。做变量代换，即

$$x=kr,\ y=R \tag{6.7.4}$$

式（6.7.3）变为

$$x^2y''+2xy'+\left[x^2-n(n+1)\right]y=0 \tag{6.7.5}$$

式（6.7.5）称为 n 阶球贝塞尔方程。令

$$z=\sqrt{\frac{2x}{\pi}}y \tag{6.7.6}$$

则式（6.7.5）变为

$$x^2z''+xz'+\left[x^2-\left(\frac{2n+1}{2}\right)^2\right]z=0 \tag{6.7.7}$$

式（6.7.7）为半奇数阶的贝塞尔方程，其通解为

$$z=C\mathrm{J}_{\frac{2n+1}{2}}(x)+D\mathrm{Y}_{\frac{2n+1}{2}}(x) \tag{6.7.8}$$

因此，n 阶球贝塞尔方程式的通解为

$$y=C\sqrt{\frac{\pi}{2x}}\mathrm{J}_{\frac{2n+1}{2}}(x)+D\sqrt{\frac{\pi}{2x}}\mathrm{Y}_{\frac{2n+1}{2}}(x) \tag{6.7.9}$$

记

$$\mathrm{j}_n(x)=\sqrt{\frac{\pi}{2x}}\mathrm{J}_{\frac{2n+1}{2}}(x) \tag{6.7.10}$$

$$\mathrm{y}_n(x)=\sqrt{\frac{\pi}{2x}}\mathrm{Y}_{\frac{2n+1}{2}}(x) \tag{6.7.11}$$

分别为第一类 n 阶球贝塞尔函数和第二类 n 阶球贝塞尔函数，或者称之为 n 阶球贝塞尔函数和 n 阶球诺依曼函数。因此，式（6.7.5）的通解为

$$y=C\mathrm{j}_n(x)+D\mathrm{y}_n(x) \tag{6.7.12}$$

将式（6.3.11）和式（6.3.13）代入式（6.7.10）与式（6.7.11）得

$$\mathrm{j}_n(x)=(-x)^n\left(\frac{1}{x}\cdot\frac{\mathrm{d}}{\mathrm{d}x}\right)^n\left(\frac{\sin x}{x}\right) \tag{6.7.13}$$

$$\mathrm{y}_n(x)=-(-x)^n\left(\frac{1}{x}\cdot\frac{\mathrm{d}}{\mathrm{d}x}\right)^n\left(\frac{\cos x}{x}\right) \tag{6.7.14}$$

可以看出，球贝塞尔函数为初等函数。根据式（6.7.13）和式（6.7.14），可得前几阶的球贝塞尔函数为

$$\mathrm{j}_0(x)=\frac{\sin x}{x} \tag{6.7.15}$$

$$\mathrm{j}_1(x)=\frac{\sin x}{x^2}-\frac{\cos x}{x} \tag{6.7.16}$$

$$\mathrm{j}_2(x)=\left(\frac{3}{x^2}-1\right)\frac{\sin x}{x}-\frac{3\cos x}{x^2} \tag{6.7.17}$$

$$\mathrm{j}_3(x)=\left(\frac{15}{x^3}-\frac{6}{x}\right)\frac{\sin x}{x}-\left(\frac{15}{x^2}-1\right)\frac{\cos x}{x} \tag{6.7.18}$$

$$\mathrm{y}_0(x)=-\frac{\cos x}{x} \tag{6.7.19}$$

$$\mathrm{y}_1(x)=-\frac{\cos x}{x^2}-\frac{\sin x}{x} \tag{6.7.20}$$

$$\mathrm{y}_2(x)=\left(-\frac{3}{x^2}+1\right)\frac{\cos x}{x}-\frac{3\sin x}{x^2} \tag{6.7.21}$$

$$\mathrm{y}_3(x)=\left(-\frac{15}{x^3}+\frac{6}{x}\right)\frac{\cos x}{x}-\left(\frac{15}{x^2}-1\right)\frac{\sin x}{x} \tag{6.7.22}$$

小结

n 阶贝塞尔方程为

$$x^2y''+xy'+\left(x^2-n^2\right)y=0$$

当 n 为实数时，其两个线性无关的特解为 n 阶第一类贝塞尔函数 $\mathrm{J}_n(x)$ 和 n 阶第二类贝塞尔函数 $\mathrm{Y}_n(x)$。贝塞尔方程的通解可以用这两个贝塞尔函数的线性组合来表示，即

$$y=A\mathrm{J}_n(x)+B\mathrm{Y}_n(x)$$

贝塞尔函数系$\left\{ \mathrm{J}_n\left(\frac{\mu_m^{(n)}}{R}\rho\right)\right\}$（$m=1,2,3,\cdots$）在区间$[0,R]$上关于权函数$\rho$是正交的，即

$$\int_0^R \rho \mathrm{J}_n\left(\frac{\mu_m^{(n)}}{R}\rho\right)\mathrm{J}_n\left(\frac{\mu_k^{(n)}}{R}\rho\right)\mathrm{d}\rho=\begin{cases}0, & m\neq k\\ \dfrac{R^2}{2}\mathrm{J}_{n-1}^2(\mu_m^{(n)})=\dfrac{R^2}{2}\mathrm{J}_{n+1}^2(\mu_m^{(n)}), & m=k\end{cases}$$

根据正交性，可以将圆心处有界、圆周上满足第一类边界条件的函数展开成贝塞尔函数的级数形式。

$\mathrm{J}_n(x)$和$\mathrm{Y}_n(x)$相当于直角坐标系中的三角函数，可以用来表示极坐标系和圆柱坐标系中的驻波。$\mathrm{J}_n(x)$和$\mathrm{Y}_n(x)$的线性组合，即

$$\mathrm{H}_n^{(1)}(x)=\mathrm{J}_n(x)+\mathrm{j}\mathrm{Y}_n(x)$$
$$\mathrm{H}_n^{(2)}(x)=\mathrm{J}_n(x)-\mathrm{j}\mathrm{Y}_n(x)$$

分别称为第一类汉克尔函数和第二类汉克尔函数，可以用来表示极坐标系和圆柱坐标系中的行波。变形的贝塞尔方程的两个线性无关的特解$\mathrm{I}_n(x)$和$\mathrm{K}_n(x)$分别称为第一类变形的贝塞尔函数和第二类变形的贝塞尔函数，可以用来表示极坐标系和圆柱坐标系中的衰落波。

贝塞尔方程可以用在分离变量法中求解极坐标系和圆柱坐标系中的偏微分方程。

习题 6

1．求下列导数。

（1）$\dfrac{\mathrm{d}}{\mathrm{d}x}\mathrm{J}_0(\alpha x)$。

（2）$\dfrac{\mathrm{d}}{\mathrm{d}x}\left[x\mathrm{J}_1(\alpha x)\right]$。

2．求下列积分。

（1）$\int x^{n+1}\mathrm{J}_n(\alpha x)\mathrm{d}x$。

（2）$\int x\mathrm{J}_2(x)\mathrm{d}x$。

（3）$\int x^3\mathrm{J}_0(x)\mathrm{d}x$。

（4）$\int_0^R \mathrm{J}_0(x)\cos x\mathrm{d}x$。

（5）$\int_0^\infty \mathrm{e}^{-2x}\mathrm{J}_0(x)\mathrm{d}x$。

3．化简 $J_0''(x)-\frac{1}{x}J_0'(x)$ 和 $3J_0'(x)+4J_0'''(x)$。

4．证明 $y''+\frac{1-2\alpha}{x}y'+\left(\beta^2+\frac{\alpha^2-m^2}{x^2}\right)y=0$ 的解为 $y=x^{\alpha}J_m(\beta x)$。

5．证明 $x^2y''+\left(x^2-2\right)y=0$ 的解为 $y=x^{\frac{1}{2}}J_{\frac{3}{2}}(x)$。

6．证明 $x^2y''-xy'+\left[1+x^2-n^2\right]y=0$ 的解为 $y=xJ_n\left(x\right)$。

7．证明 $x^2y''+2xy'+\left[x^2-n\left(n+1\right)\right]y=0$ 的解为 $y=\sqrt{\frac{\pi}{2x}}J_{\frac{2n+1}{2}}\left(x\right)$。

8．将 1 在区间 $\left(0,1\right)$ 内展开成 $J_0(\mu_i^{(0)}x)$ 的级数形式。

9．将 x 在区间 $\left(0,2\right)$ 内展开成 $J_1(\mu_i^{(1)}x/2)$ 的级数形式。

10．将 $1-x^2$ 在区间 $\left(0,1\right)$ 内展开成 $J_0(\mu_i^{(0)}x)$ 的级数形式。

11．设 α_i（$i=1,2,3,\cdots$）是方程 $J_0(2x)=0$ 的正根，将函数 $f(x)=\begin{cases}1, & 0<x<1\\ 1/2, & x=1\\ 0, & 1<x<2\end{cases}$ 在区间 $\left(0,2\right)$ 内展开成 $J_0(\alpha_i x)$ 的级数形式。

12．证明：

$$\int_0^R rJ_0\left(\frac{\mu_m^{(1)}}{R}r\right)J_0\left(\frac{\mu_k^{(1)}}{R}r\right)\mathrm{d}r=\begin{cases}0, & m\neq k\\ \frac{R^2}{2}J_0^2(\mu_m^{(1)}), & m=k\end{cases},\quad m,k=0,1,2,3,\cdots$$

13．将 $1-x^2$ 在区间 $\left(0,1\right)$ 内展开成 $J_0(\mu_i^{(1)}x)$ 的级数形式。

14．求解以下定解问题：

$$\begin{cases}\frac{\partial u}{\partial t}=a^2\left(\frac{\partial^2 u}{\partial\rho^2}+\frac{1}{\rho}\frac{\partial u}{\partial\rho}\right), & \rho<1,\ t>0\\ u(1,t)=0, & t>0\\ u(r,0)=1-\rho^2, & \rho\leqslant 1\end{cases}$$

15．求解以下定解问题：

$$\begin{cases}\frac{\partial^2 u}{\partial t^2}=a^2\left(\frac{\partial^2 u}{\partial\rho^2}+\frac{1}{\rho}\frac{\partial u}{\partial\rho}\right), & \rho<1,\ t>0\\ u(1,t)=0, & t>0\\ u(\rho,0)=0,\ \frac{\partial u(\rho,0)}{\partial t}=1-\rho^2, & \rho\leqslant 1\end{cases}$$

16．求解以下定解问题：

$$\begin{cases}\dfrac{\partial^2 u}{\partial t^2}=a^2\left(\dfrac{\partial^2 u}{\partial \rho^2}+\dfrac{1}{\rho}\dfrac{\partial u}{\partial \rho}\right), & \rho<R,\ t>0\\ \dfrac{\partial u(R,t)}{\partial \rho}=0, & t>0\\ u(\rho,0)=0,\ \dfrac{\partial u(\rho,0)}{\partial t}=1-\dfrac{\rho^2}{R^2}, & \rho\leqslant R\end{cases}$$

17．求解以下定解问题：

$$\begin{cases}\dfrac{\partial^2 u}{\partial \rho^2}+\dfrac{1}{\rho}\dfrac{\partial u}{\partial \rho}+\dfrac{\partial^2 u}{\partial z^2}=0, & 0<\rho<a,\ 0<z<h\\ u(a,z)=0, & 0<z<h\\ u(\rho,0)=0,\ u(\rho,h)=1-\dfrac{\rho^2}{a^2}, & 0<\rho<a\end{cases}$$

18．求解以下定解问题：

$$\begin{cases}\dfrac{\partial^2 u}{\partial \rho^2}+\dfrac{1}{\rho}\dfrac{\partial u}{\partial \rho}+\dfrac{\partial^2 u}{\partial z^2}=0, & 0<\rho<a,\ 0<z<h\\ u(a,z)=1-\dfrac{\rho^2}{a^2}, & 0<z<h\\ u(\rho,0)=0,\ u(\rho,h)=0, & 0<\rho<a\end{cases}$$

19．求解以下定解问题：

$$\begin{cases}\dfrac{\partial u}{\partial t}=a^2\left(\dfrac{\partial^2 u}{\partial \rho^2}+\dfrac{1}{\rho}\dfrac{\partial u}{\partial \rho}+\dfrac{1}{\rho^2}\dfrac{\partial^2 u}{\partial \theta^2}\right), & \rho<R,\ -\infty<\theta<+\infty,\ t>0\\ u(\rho,\theta,0)=\varphi(\rho,\theta), & \rho<R,\ -\infty<\theta<+\infty\\ u(R,\theta,t)=0, & -\infty<\theta<+\infty,\ t>0\end{cases}$$

20．求解以下定解问题：

$$\begin{cases}\dfrac{1}{a^2}\dfrac{\partial^2 u}{\partial t^2}=\dfrac{\partial^2 u}{\partial \rho^2}+\dfrac{1}{\rho}\dfrac{\partial u}{\partial \rho}+\dfrac{1}{\rho^2}\dfrac{\partial^2 u}{\partial \theta^2}, & \rho<R,\ -\infty<\theta<+\infty,\ t>0\\ u\left(R,\theta,t\right)=0, & -\infty<\theta<+\infty,\ t>0\\ u\left(\rho,\theta,0\right)=\varphi\left(\rho,\theta\right),\ \dfrac{\partial u\left(\rho,\theta,0\right)}{\partial t}=\psi\left(\rho,\theta\right), & \rho<R,\ -\infty<\theta<+\infty\end{cases}$$

21．求解以下定解问题：

$$\begin{cases}\dfrac{\partial^2 u}{\partial t^2}=a^2\left(\dfrac{\partial^2 u}{\partial \rho^2}+\dfrac{1}{\rho}\dfrac{\partial u}{\partial \rho}+\dfrac{1}{\rho^2}\dfrac{\partial^2 u}{\partial \theta^2}\right), & \rho<1,\ -\infty<\theta<+\infty,\ t>0\\ u(1,\theta,t)=0, & -\infty<\theta<+\infty,\ t>0\\ u(\rho,\theta,0)=r\delta\left(\rho-r\right)\delta\left(\theta\right),\ \dfrac{\partial u(\rho,\theta,0)}{\partial t}=0, & \rho\leqslant 1,\ -\infty<\theta<+\infty\end{cases}$$

22．求解以下定解问题：

$$\begin{cases} \dfrac{\partial^2 u}{\partial t^2} = \dfrac{\partial^2 u}{\partial \rho^2} + \dfrac{1}{\rho}\dfrac{\partial u}{\partial \rho} + 1, & \rho < 1,\ t > 0 \\ u(1,t) = 0, & t > 0 \\ u(\rho,0) = 1 - \rho^2,\ \dfrac{\partial u(\rho,0)}{\partial t} = 0, & \rho \leqslant 1 \end{cases}$$

23．求解以下定解问题：

$$\begin{cases} \dfrac{\partial^2 u}{\partial t^2} = \dfrac{\partial^2 u}{\partial \rho^2} + \dfrac{1}{\rho}\dfrac{\partial u}{\partial \rho} + f(\rho,t), & \rho < 1,\ t > 0 \\ u(1,t) = 0, & t > 0 \\ u(\rho,0) = g(\rho),\ \dfrac{\partial u(\rho,0)}{\partial t} = 0, & \rho \leqslant 1 \end{cases}$$

阿德利昂·玛利·埃·勒让德（Adrien Marie Legendre，1752-9-18—1833-1-10），法国数学家。他在《行星外形的研究》中给出了处理特殊函数的勒让德多项式，发现了该多项式的许多性质。

第 7 章　勒让德多项式

采用分离变量法在球坐标系内求解偏微分方程时，会得到一个变系数的关于仰角 θ 的常微分方程，即勒让德方程。勒让德多项式是勒让德方程的解。勒让德多项式也具有正交性。

7.1　勒让德方程的引出

对球域的拉普拉斯方程

$$\nabla^2 u = \frac{1}{r^2}\frac{\partial}{\partial r}\left(r^2\frac{\partial u}{\partial r}\right) + \frac{1}{r^2\sin\theta}\frac{\partial}{\partial\theta}\left(\sin\theta\frac{\partial u}{\partial\theta}\right) + \frac{1}{r^2\sin^2\theta}\frac{\partial^2 u}{\partial\varphi^2} = 0 \tag{7.1.1}$$

进行分离变量。令

$$u(r,\theta,\varphi) = R(r)\Theta(\theta)\Phi(\varphi) \tag{7.1.2}$$

则有

$$\frac{1}{R}\frac{\mathrm{d}}{\mathrm{d}r}\left(r^2\frac{\mathrm{d}R}{\mathrm{d}r}\right) = -\frac{1}{\Theta\sin\theta}\frac{\mathrm{d}}{\mathrm{d}\theta}\left(\sin\theta\frac{\mathrm{d}\Theta}{\mathrm{d}\theta}\right) - \frac{1}{\Phi\sin^2\theta}\frac{\mathrm{d}^2\Phi}{\mathrm{d}\varphi^2} \tag{7.1.3}$$

其中，等号左边只与 r 有关；等号右边与 r 无关，两边要相等，只能为一常数。令

$$\frac{1}{R}\frac{\mathrm{d}}{\mathrm{d}r}\left(r^2\frac{\mathrm{d}R}{\mathrm{d}r}\right) = n(n+1) \tag{7.1.4}$$

$$\frac{1}{\Theta\sin\theta}\frac{\mathrm{d}}{\mathrm{d}\theta}\left(\sin\theta\frac{\mathrm{d}\Theta}{\mathrm{d}\theta}\right) + \frac{1}{\Phi\sin^2\theta}\frac{\mathrm{d}^2\Theta}{\mathrm{d}\varphi^2} = -n(n+1) \tag{7.1.5}$$

其中，n 为任意常数。这里之所以要将任意常数写成 $n(n+1)$ 的形式，是因为后续会发现，只有当 n 为整数时，关于 θ 的方程才有有界解。将式（7.1.5）改写为

$$\frac{1}{\Theta}\sin\theta\frac{\mathrm{d}}{\mathrm{d}\theta}\left(\sin\theta\frac{\mathrm{d}\Theta}{\mathrm{d}\theta}\right) + n(n+1)\sin^2\theta = -\frac{1}{\Phi}\frac{\mathrm{d}^2\Phi}{\mathrm{d}\varphi^2} \tag{7.1.6}$$

根据方位角的周期性，可得

$$\frac{1}{\Phi}\frac{\mathrm{d}^2\Phi}{\mathrm{d}\varphi^2}=-m^2 \tag{7.1.7}$$

$$\frac{1}{\Theta}\sin\theta\frac{\mathrm{d}}{\mathrm{d}\theta}\left(\sin\theta\frac{\mathrm{d}\Theta}{\mathrm{d}\theta}\right)+n(n+1)\sin^2\theta=m^2 \tag{7.1.8}$$

其中，m 为整数。

将式（7.1.8）改写为

$$\Theta''+\cot\theta\Theta'+\left[n(n+1)-\frac{m^2}{\sin^2\theta}\right]\Theta=0 \tag{7.1.9}$$

做变量代换，令

$$x=\cos\theta\text{，}\quad y=\Theta \tag{7.1.10}$$

根据

$$\Theta'=\frac{\mathrm{d}\Theta}{\mathrm{d}x}\frac{\mathrm{d}x}{\mathrm{d}\theta}=-\sin\theta y' \tag{7.1.11}$$

$$\Theta''=\frac{\mathrm{d}(-\sin\theta y')}{\mathrm{d}\theta}=-\cos\theta y'+\sin^2\theta y'' \tag{7.1.12}$$

得

$$\left(1-x^2\right)y''-2xy'+\left[n(n+1)-\frac{m^2}{1-x^2}\right]y=0 \tag{7.1.13}$$

若所研究的物理问题是旋转对称的，则式（7.1.1）与 φ 无关。根据式（7.1.7），得 $m=0$。因此，式（7.1.13）变为

$$(1-x^2)y''-2xy'+n(n+1)y=0 \tag{7.1.14}$$

式（7.1.14）称为 n 次勒让德方程，式（7.1.13）称为连带的 n 次 m 阶勒让德方程。

根据变量代换式（7.1.10）可知，勒让德方程，即式（7.1.14）的定义域为 $[-1,1]$。式（7.1.14）定义域的两个端点 x=−1 和 x=1 分别对应球坐标系方程式（7.1.9）中的 $\theta=0$ 与 $\theta=\pi$ 两个值。函数在这两个值上应该是有界的，即式（7.1.14）的定解条件为

$$|y|_{x=\pm1}<+\infty \tag{7.1.15}$$

7.2　勒让德方程的求解

求解勒让德方程可采用类似求解贝塞尔方程的方法，将方程的解展开成级数形式，即

$$y = x^c(a_0 + a_1 x + a_2 x^2 + \cdots + a_k x^k + \cdots) = \sum_{k=0}^{\infty} a_k x^{c+k},\ a_0 \neq 0 \tag{7.2.1}$$

将式（7.2.1）代入式（7.1.14）得

$$\sum_{k=0}^{\infty}\left[(c+k+1)(c+k+2)a_{k+2} - (c+k)(c+k+1)a_k + n(n+1)a_k\right]x^{c+k} = 0 \tag{7.2.2}$$

由 x 的各次幂的系数为零可得

$$a_{k+2} = \frac{(c+k)(c+k+1) - n(n+1)}{(c+k+1)(c+k+2)} a_k \tag{7.2.3}$$

式（7.2.3）是一个双间隔系数递推公式。通过该递推公式，可以根据 a_0 确定 a_{2k}，也可以根据 a_1 确定 a_{2k+1}，a_0 和 a_1 为相互独立的任意常数。

取 $a_0 \neq 0$ 且 $a_1 = 0$，可得式（7.1.14）的一个偶次升幂解为

$$y_1 = 1 - \frac{n(n+1)}{2!}x^2 + \frac{(n-2)n(n+1)(n+3)}{4!}x^4 + \cdots \tag{7.2.4}$$

取 $a_0 = 0$ 且 $a_1 \neq 0$，可得式（7.1.14）的一个奇次升幂解为

$$y_2 = x - \frac{(n-1)(n+2)}{3!}x^3 + \frac{(n-3)(n-1)(n+2)(n+4)}{5!}x^5 + \cdots \tag{7.2.5}$$

当 n 不为整数时，y_1 和 y_2 均为无穷级数。当 $x \in (-1,1)$ 时，根据交错级数审敛法的莱布尼茨定理，y_1 和 y_2 均收敛；当 $x = \pm 1$ 时，将 y_1 和 y_2 的相邻项求和，它们均变为正项级数，根据比较审敛法，它们均发散。由于勒让德方程的定义域为 $[-1,1]$，因此不考虑 $|x| > 1$ 的情况。

当 n 为零或正偶数时，y_1 为 n 次多项式，y_2 仍然为无穷级数，并且在 $x = \pm 1$ 处发散。当 n 为正奇数时，y_2 为 n 次多项式，y_1 仍然为无穷级数，并且在 $x = \pm 1$ 处发散。当 n 为负整数时，可以取相反数后使之变为非负整数，不影响勒让德方程第三项系数 $n(n+1)$ 的形式，因此，不需要另外考虑 n 为负整数的情况。

取

$$a_n = \frac{(2n)!}{2^n (n!)^2} \tag{7.2.6}$$

当 n 为零或正偶数时，有

$$y_1 = \sum_{m=0}^{\frac{n}{2}} (-1)^m \frac{(2n-2m)!}{2^n m!(n-m)!(n-2m)!} x^{n-2m} \tag{7.2.7}$$

当 n 为正奇数时，有

$$y_2 = \sum_{m=0}^{\frac{n-1}{2}} (-1)^m \frac{(2n-2m)!}{2^n m!(n-m)!(n-2m)!} x^{n-2m} \tag{7.2.8}$$

将式（7.2.6）和式（7.2.7）这两个多项式写成统一的形式，即

$$\mathrm{P}_n(x) = \sum_{m=0}^{M} (-1)^m \frac{(2n-2m)!}{2^n m!(n-m)!(n-2m)!} x^{n-2m} \tag{7.2.9}$$

其中

$$M = \begin{cases} \dfrac{n}{2}, & n\text{为偶数} \\ \dfrac{n-1}{2}, & n\text{为奇数} \end{cases} \tag{7.2.10}$$

将 n 为零或正偶数时的 y_2 和 n 为正奇数时的 y_1 这两个无穷级数统一记为 $\mathrm{Q}_n(x)$。称 $\mathrm{P}_n(x)$ 为 n 次勒让德多项式，称 $\mathrm{Q}_n(x)$ 为第二类勒让德函数。因此，当 n 为整数时，勒让德方程的通解可以表示为

$$y = A\mathrm{P}_n(x) + B\mathrm{Q}_n(x) \tag{7.2.11}$$

前六个整数阶的勒让德多项式为

$$\mathrm{P}_0(x) = 1 \tag{7.2.12}$$

$$\mathrm{P}_1(x) = x \tag{7.2.13}$$

$$\mathrm{P}_2(x) = \frac{1}{2}(3x^2 - 1) \tag{7.2.14}$$

$$\mathrm{P}_3(x) = \frac{1}{2}(5x^3 - 3x) \tag{7.2.15}$$

$$\mathrm{P}_4(x) = \frac{1}{8}(35x^4 - 30x^2 + 3) \tag{7.2.16}$$

$$\mathrm{P}_5(x) = \frac{1}{8}(63x^5 - 70x^3 + 15x) \tag{7.2.17}$$

图 7.2.1 所示为前五个整数阶的勒让德多项式曲线。

勒让德多项式 $\mathrm{P}_n(x)$ 还可以表示成微分形式，即

$$\mathrm{P}_n(x) = \frac{1}{2^n n!} \frac{\mathrm{d}^n}{\mathrm{d}x^n} (x^2 - 1)^n \tag{7.2.18}$$

或者积分形式，即

$$\mathrm{P}_n(x) = \frac{1}{\pi} \int_0^{\pi} \left(x + \sqrt{1-x^2} \cos\theta \right)^n \mathrm{d}\theta \tag{7.2.19}$$

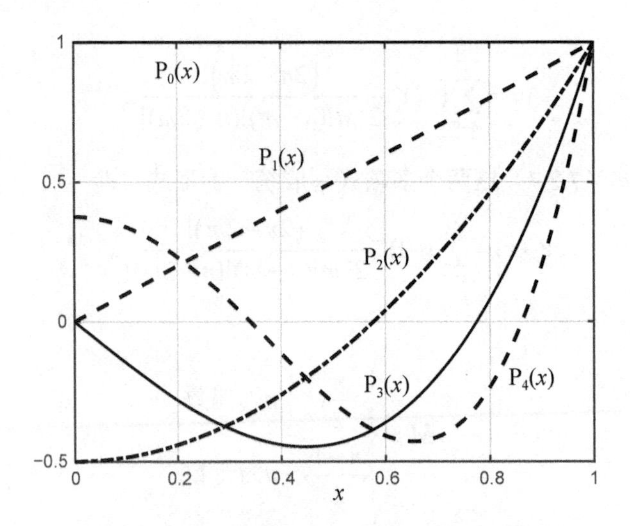

图 7.2.1　前五个整数阶的勒让德多项式曲线

7.3　勒让德多项式的性质

性质 1　奇偶性

由式（7.2.9）可以看出，当 n 为偶数时，勒让德多项式级数的每项都是偶数次幂；当 n 为奇数时，勒让德多项式级数的每项都是奇数次幂。因此，当 n 为偶数时，勒让德多项式为偶函数；当 n 为奇数时，勒让德多项式为奇函数，即

$$\mathrm{P}_n\left(x\right)=\left(-1\right)^n\mathrm{P}_n\left(-x\right) \tag{7.3.1}$$

性质 2　零点性质

罗尔中值定理指出，若函数在某一区间连续、可导，并且在该区间的两个端点处的函数值相等，则在该区间内至少有一点使该函数的导数为零。由于 $x=\pm1$ 是 $\left(x^2-1\right)^n$ 的 n 重零点，因此根据罗尔中值定理，$\dfrac{\mathrm{d}}{\mathrm{d}x}\left(x^2-1\right)^n$ 在区间 $\left(-1,1\right)$ 内至少有一个零点。进一步，$\dfrac{\mathrm{d}^2}{\mathrm{d}x^2}\left(x^2-1\right)^n$ 在该零点和 $x=\pm1$ 之间至少各有一个零点。由此可以推出，$\dfrac{\mathrm{d}^n}{\mathrm{d}x^n}\left(x^2-1\right)^n$ 在区间 $\left(-1,1\right)$ 内至少有 n 个不同的零点。由于 $\dfrac{\mathrm{d}^n}{\mathrm{d}x^n}\left(x^2-1\right)^n$ 是 n 次多项式，因此其最多有 n 个实数零点。结合 $\mathrm{P}_n\left(x\right)$ 的微分形式，即式（7.2.18），可知 $\mathrm{P}_n\left(x\right)$ 在区间 $\left(-1,1\right)$ 内有 n 个互不相同的单重实数零点。

性质 3　正交性

勒让德多项式的正交性描述为

$$\int_{-1}^{1}\mathrm{P}_m(x)\mathrm{P}_n(x)\mathrm{d}x=\begin{cases}0, & m\neq n\\ \dfrac{2}{2n+1}, & m=n\end{cases} \tag{7.3.2}$$

要证明式（7.3.2），首先证明对于小于 n 的自然数 k，有

$$\int_{-1}^{1}x^k\mathrm{P}_n(x)\mathrm{d}x=0 \tag{7.3.3}$$

采用 $\mathrm{P}_n(x)$ 的微分形式，即式（7.2.18），并多次使用分部积分法，得

$$\begin{aligned}
&\int_{-1}^{1}x^k\frac{1}{2^n n!}\frac{\mathrm{d}^n}{\mathrm{d}x^n}(x^2-1)^n\mathrm{d}x\\
&=\frac{1}{2^n n!}\int_{-1}^{1}x^k\mathrm{d}\left[\frac{\mathrm{d}^{n-1}}{\mathrm{d}x^{n-1}}(x^2-1)^n\right]\\
&=\frac{1}{2^n n!}\left[x^k\left[\frac{\mathrm{d}^{n-1}}{\mathrm{d}x^{n-1}}(x^2-1)^n\right]_{-1}^{1}-k\int_{-1}^{1}\frac{\mathrm{d}^{n-1}}{\mathrm{d}x^{n-1}}(x^2-1)^n x^{k-1}\mathrm{d}x\right]\\
&=-\frac{k}{2^n n!}\int_{-1}^{1}x^{k-1}\frac{\mathrm{d}^{n-1}}{\mathrm{d}x^{n-1}}(x^2-1)^n\mathrm{d}x\\
&\vdots\\
&=(-1)^k\frac{k!}{2^n n!}\int_{-1}^{1}\frac{\mathrm{d}^{n-k}}{\mathrm{d}x^{n-k}}(x^2-1)^n\mathrm{d}x\\
&=(-1)^k\frac{k!}{2^n n!}\frac{\mathrm{d}^{n-k-1}}{\mathrm{d}x^{n-k-1}}(x^2-1)^n\bigg|_{-1}^{1}\\
&=0
\end{aligned} \tag{7.3.4}$$

当 $m\neq n$ 时，设 $m<n$，则可以将积分 $\int_{-1}^{1}\mathrm{P}_m(x)\mathrm{P}_n(x)\mathrm{d}x$ 化成不超过 $\dfrac{m}{2}+1$ 个形如式（7.3.3）的积分。因此，当 $m\neq n$ 时，式（7.3.2）得证。

当 $m=n$ 时，同样采用 $\mathrm{P}_n(x)$ 的微分形式，即式（7.2.18），并多次使用分部积分法，得

$$\begin{aligned}
\int_{-1}^{1}\mathrm{P}_n^2(x)\mathrm{d}x&=\frac{1}{2^{2n}(n!)^2}\int_{-1}^{1}\frac{\mathrm{d}^n}{\mathrm{d}x^n}(x^2-1)^n\frac{\mathrm{d}^n}{\mathrm{d}x^n}(x^2-1)^n\mathrm{d}x\\
&=\frac{1}{2^{2n}(n!)^2}\int_{-1}^{1}\frac{\mathrm{d}^n}{\mathrm{d}x^n}(x^2-1)^n\mathrm{d}\frac{\mathrm{d}^{n-1}}{\mathrm{d}x^{n-1}}(x^2-1)^n\\
&=-\frac{1}{2^{2n}(n!)^2}\int_{-1}^{1}\frac{\mathrm{d}^{n+1}}{\mathrm{d}x^{n+1}}(x^2-1)^n\frac{\mathrm{d}^{n-1}}{\mathrm{d}x^{n-1}}(x^2-1)^n\mathrm{d}x\\
&\vdots\\
&=\frac{(-1)^n}{2^{2n}(n!)^2}\int_{-1}^{1}\frac{\mathrm{d}^{2n}}{\mathrm{d}x^{2n}}(x^2-1)^n(x^2-1)^n\mathrm{d}x
\end{aligned}$$

$$
\begin{aligned}
&=\frac{(-1)^n}{2^{2n}(n!)^2}\int_{-1}^{1}\frac{\mathrm{d}^{2n}x^{2n}}{\mathrm{d}x^{2n}}(x^2-1)^n\mathrm{d}x \\
&=\frac{(-1)^n(2n)!}{2^{2n}(n!)^2}\int_{-1}^{1}(x^2-1)^n\mathrm{d}x
\end{aligned} \tag{7.3.5}
$$

另外，根据

$$
\begin{aligned}
\int_{-1}^{1}(x^2-1)^n\mathrm{d}x &= (x^2-1)^n x\Big|_{-1}^{1}-\int_{-1}^{1}x\mathrm{d}(x^2-1)^n \\
&=-2n\int_{-1}^{1}x^2(x^2-1)^{n-1}\mathrm{d}x \\
&=-2n\int_{-1}^{1}\left(x^2-1+1\right)(x^2-1)^{n-1}\mathrm{d}x \\
&=-2n\int_{-1}^{1}(x^2-1)^n\mathrm{d}x-2n\int_{-1}^{1}(x^2-1)^{n-1}\mathrm{d}x
\end{aligned} \tag{7.3.6}
$$

得

$$
\begin{aligned}
\int_{-1}^{1}(x^2-1)^n\mathrm{d}x &= -\frac{2n}{2n+1}\int_{-1}^{1}(x^2-1)^{n-1}\mathrm{d}x \\
&=(-1)^n\frac{2n\cdot(2n-2)\cdot\cdots\cdot 4\cdot 2}{(2n+1)\cdot(2n-1)\cdot\cdots\cdot 5\cdot 3}\int_{-1}^{1}(x^2-1)^{n-n}\mathrm{d}x \\
&=2\cdot(-1)^n\frac{2n\cdot(2n-2)\cdot\cdots\cdot 4\cdot 2}{(2n+1)\cdot(2n-1)\cdot\cdots\cdot 5\cdot 3} \\
&=\frac{(-1)^n 2^{2n+1}(n!)^2}{(2n+1)!}
\end{aligned} \tag{7.3.7}
$$

将式（7.3.7）代入式（7.3.5），即当$m=n$时，式（7.3.2）得证。

通过$\mathrm{P}_n(x)$的正交性可将定义在区间$[-1,1]$内的函数展开成$\mathrm{P}_n(x)$的级数形式，即

$$
f(x)=\sum_{n=0}^{\infty}C_n\mathrm{P}_n(x) \tag{7.3.8}
$$

其中

$$
C_n=\frac{2n+1}{2}\int_{-1}^{1}f(x)\mathrm{P}_n(x)\mathrm{d}x \tag{7.3.9}
$$

例 7.3.1 将$f(x)=\begin{cases}x, & x\geqslant 0\\ 0, & x<0\end{cases}$在区间$[-1,1]$内展开成勒让德多项式的级数形式。

解 根据式（7.3.9），勒让德多项式的系数为

$$C_n=\frac{2n+1}{2}\int_{-1}^{1}f(x)\mathrm{P}_n(x)\mathrm{d}x=\frac{2n+1}{2}\int_0^1 x\mathrm{P}_n(x)\mathrm{d}x=\frac{2n+1}{2^{n+1}n!}\int_0^1 x\frac{\mathrm{d}^n}{\mathrm{d}x^n}(x^2-1)^n\mathrm{d}x$$
$$=\frac{2n+1}{2^{n+1}n!}\int_0^1 x\mathrm{d}\frac{\mathrm{d}^{n-1}}{\mathrm{d}x^{n-1}}(x^2-1)^n=-\frac{2n+1}{2^{n+1}n!}\int_0^1\frac{\mathrm{d}^{n-1}}{\mathrm{d}x^{n-1}}(x^2-1)^n\mathrm{d}x$$
$$=-\frac{2n+1}{2^{n+1}n!}\int_0^1\mathrm{d}\frac{\mathrm{d}^{n-2}}{\mathrm{d}x^{n-2}}(x^2-1)^n=\frac{2n+1}{2^{n+1}n!}\frac{\mathrm{d}^{n-2}}{\mathrm{d}x^{n-2}}(x^2-1)^n\Big|_{x=0}$$

当$(x^2-1)^n$的展开式中项的幂指数比$n-2$小时，该项经过$n-2$次求导后为零；当幂指数比$n-2$大时，代入$x=0$后该项为零；当幂指数为$n-2$时，该项经过$n-2$次求导后为常数。当n为奇数时，$(x^2-1)^n$的展开式中无$n-2$次项，因此，$C_n=0$；当n为偶数时，可得

$$C_n=\frac{2n+1}{2^{n+1}n!}C_n^{n/2-1}(n-2)!(-1)^{n/2+1}=\frac{(2n+1)(n-2)!}{2^{n+1}(n/2-1)!(n/2+1)!}$$

上面在求系数的过程中用到了$n-2$次求导，因此需要$n\geqslant 2$。当$n=0,1$时，有

$$C_0=\frac{1}{2}\int_0^1 x\mathrm{P}_0(x)\mathrm{d}x=\frac{1}{2}\int_0^1 x\mathrm{d}x=\frac{1}{4}$$
$$C_1=\frac{3}{2}\int_0^1 x\mathrm{P}_1(x)\mathrm{d}x=\frac{3}{2}\int_0^1 x^2\mathrm{d}x=\frac{1}{2}$$

因此

$$f(x)=\frac{1}{4}\mathrm{P}_0(x)+\frac{1}{2}\mathrm{P}_1(x)+\sum_{n=1}^{\infty}\frac{(4n+1)(2n-2)!}{2^{2n+1}(n-1)!(n+1)!}\mathrm{P}_{2n}(x)$$

例 7.3.2　将$f(x)=x^2$在区间[−1,1]内展开成勒让德多项式的级数形式。

解　根据式（7.3.3），当$n>2$时，勒让德多项式的系数为 0。由于$f(x)$为偶函数，因此级数中只含偶数次的勒让德多项式。基于以上两点，可知级数中只含两项，即

$$x^2=C_0\mathrm{P}_0(x)+C_2\mathrm{P}_2(x)$$

将式（7.2.12）和式（7.2.14）代入上式得

$$x^2=C_0+C_2\frac{1}{2}(3x^2-1)=C_2\frac{3}{2}x^2+C_0-\frac{C_2}{2}$$

根据对应系数相等，可得$C_2=\frac{2}{3}$和$C_0=\frac{1}{3}$。因此，$f(x)=x^2$的勒让德多项式的级数形式为

$$x^2=\frac{1}{3}\mathrm{P}_0(x)+\frac{2}{3}\mathrm{P}_2(x)$$

性质 4　递推性

勒让德多项式的递推公式为

$$n\mathrm{P}_{n-1}(x)-(2n+1)x\mathrm{P}_n(x)+(n+1)\mathrm{P}_{n+1}(x)=0 \tag{7.3.10}$$

$$nP_{n-1}(x)-nxP_n(x)=(1-x^2)P_n'(x) \tag{7.3.11}$$

$$nxP_{n-1}(x)-nP_n(x)=(1-x^2)P_{n-1}'(x) \tag{7.3.12}$$

$$nP_{n-1}(x)=-xP_{n-1}{}'(x)+P_n'(x) \tag{7.3.13}$$

$$nP_n(x)=-P_{n-1}{}'(x)+xP_n'(x) \tag{7.3.14}$$

$$(2n+1)P_n(x)=-P_{n-1}'(x)+P_{n+1}'(x) \tag{7.3.15}$$

对式（7.3.10）的证明可以采用 $P_n(x)$ 的级数表达式，即式（7.2.9）。式（7.3.10）的三项的第 $n-2m+1$ 次幂的系数分别为 $(-1)^{m-1}\dfrac{n(2n-2-2m+2)!}{2^{n-1}(m-1)!(n-1-m+1)!(n-1-2m+2)!}$、$-(-1)^m\dfrac{(2n+1)(2n-2m)!}{2^n m!(n-m)!(n-2m)!}$ 和 $(-1)^m\dfrac{(n+1)(2n+2-2m)!}{2^{n+1}m!(n+1-m)!(n+1-2m)!}$。可以很快地证明这三项之和为零。因此，式（7.3.10）得证。

例 7.3.3　证明 $P_n(1)=1$。

解　根据式（7.2.12）和式（7.2.13），可知 $P_0(1)=1$，$P_1(1)=1$；根据递推公式，即式（7.3.10），得

$$P_n(1)=\frac{2n-1}{n}P_{n-1}(1)-\frac{n-1}{n}P_{n-2}(1)$$

将 $P_0(1)=1$ 和 $P_1(1)=1$ 代入上式，并根据数学归纳法，可得 $P_n(1)=1$。

对式（7.3.13）的证明可以采用 $P_n(x)$ 的微分形式，即式（7.2.18）。令

$$V_n=\frac{1}{2^n n!}(x^2-1)^n \tag{7.3.16}$$

则有

$$\frac{\mathrm{d}V_n}{\mathrm{d}x}=\frac{x(x^2-1)^{n-1}}{2^{n-1}(n-1)!}=xV_{n-1} \tag{7.3.17}$$

上式两边对 x 求导 n 次得

$$\frac{\mathrm{d}^{n+1}V_n}{\mathrm{d}x^{n+1}}=x\frac{\mathrm{d}^nV_{n-1}}{\mathrm{d}x^n}+n\frac{\mathrm{d}^{n-1}V_{n-1}}{\mathrm{d}x^{n-1}} \tag{7.3.18}$$

结合式（7.2.18）和式（7.3.16），由式（7.3.18）可得式（7.3.13）。

对式（7.3.15）的证明可以采用 $P_n(x)$ 的级数形式。将

$$f(x)=-P_{n-1}'(x)+P_{n+1}'(x) \tag{7.3.19}$$

按照 $P_m(x)$ 的级数形式展开。由于 $f(x)$ 的最高次幂指数为 n，因此根据式（7.3.3），当 $m>n$ 时，级数的系数为零；当 $m\leqslant n$ 时，级数的系数为

$$
\begin{aligned}
C_m &= \frac{2m+1}{2}\int_{-1}^{1}\left[-\mathrm{P}'_{n-1}(x)+\mathrm{P}'_{n+1}(x)\right]\mathrm{P}_m(x)\,\mathrm{d}x \\
&= \frac{2m+1}{2}\left\{\left[-\mathrm{P}_{n-1}(x)+\mathrm{P}_{n+1}(x)\right]\mathrm{P}_m(x)\Big|_{-1}^{1} - \int_{-1}^{1}\left[-\mathrm{P}_{n-1}(x)+\mathrm{P}_{n+1}(x)\right]\mathrm{P}'_m(x)\,\mathrm{d}x\right\} \\
&= \frac{2m+1}{2}\int_{-1}^{1}\left[\mathrm{P}_{n-1}(x)-\mathrm{P}_{n+1}(x)\right]\mathrm{P}'_m(x)\,\mathrm{d}x = \frac{2m+1}{2}\int_{-1}^{1}\mathrm{P}_{n-1}(x)\mathrm{P}'_m(x)\,\mathrm{d}x \\
&= \frac{2m+1}{2}\int_{-1}^{1}\mathrm{P}_{n-1}(x)\mathrm{P}'_m(x)\,\mathrm{d}x
\end{aligned}
\tag{7.3.20}
$$

根据式（7.3.3），从式（7.3.20）中可以看出，当$m<n$时，级数的系数为零；当$m=n$时，有

$$
\begin{aligned}
C_n &= \frac{2n+1}{2}\int_{-1}^{1}\mathrm{P}_{n-1}(x)\mathrm{P}'_n(x)\,\mathrm{d}x \\
&= \frac{2n+1}{2}\left[\mathrm{P}_{n-1}(x)\mathrm{P}_n(x)\Big|_{-1}^{1} - \int_{-1}^{1}\mathrm{P}_n(x)\mathrm{P}'_{n-1}(x)\,\mathrm{d}x\right] \\
&= 2n+1
\end{aligned}
\tag{7.3.21}
$$

因此，式（7.3.15）得证。

其他递推公式可以采用类似的方法来证明。

7.4　勒让德多项式的应用

在电场强度为E_0的均匀电场中放置一个接地导体球，半径为a，如图 7.4.1 所示，球外电位分布需要用勒让德多项式的知识来计算。

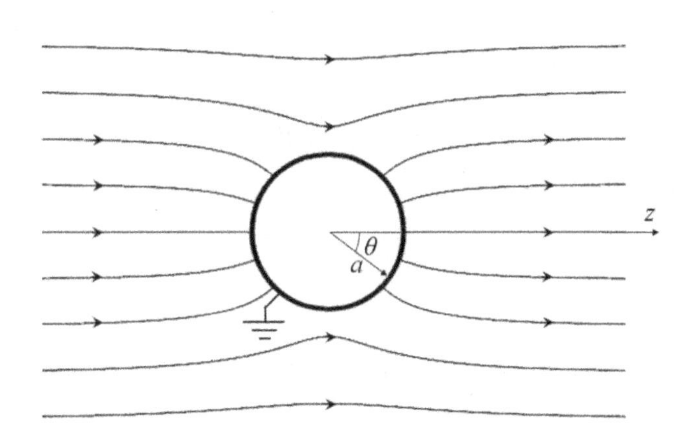

图 7.4.1　均匀电场中的接地导体球

球外电位由两部分源产生，即均匀电场产生的电位u_1和球面上的感应电荷产生的电

位u_2。按照图 7.4.1 中的坐标系，设均匀电场在自由空间的$z=0$平面产生的电位为u_0，则均匀电场在自由空间产生的电位为

$$u_1=-E_0z+u_0=-E_0r\cos\theta+u_0 \tag{7.4.1}$$

u_2满足的定解问题为

$$\begin{cases}\dfrac{1}{r^2}\dfrac{\partial}{\partial r}\left(r^2\dfrac{\partial u_2}{\partial r}\right)+\dfrac{1}{r^2\sin\theta}\dfrac{\partial}{\partial\theta}\left(\sin\theta\dfrac{\partial u_2}{\partial\theta}\right)=0, & r>a,\ 0\leqslant\theta\leqslant\pi \quad (7.4.2\text{a})\\ u_2(a,\theta)=E_0a\cos\theta-u_0, & 0\leqslant\theta\leqslant\pi \quad (7.4.2\text{b})\end{cases}$$

式（7.4.2a）为球域内的拉普拉斯方程。由于所研究的问题是旋转对称的，因此该方程与方位角φ无关。u_2的源在球面上，在球外区域是无源的，因此，该方程是齐次的。式（7.4.2b）所示的边界条件保证了u_1和u_2在球面上的总电位为零。

令

$$u_2(r,\theta)=R(r)\Theta(\theta) \tag{7.4.3}$$

将式（7.4.3）代入式（7.4.2a）得

$$\left(2rR'+r^2R''\right)\Theta+\frac{1}{\sin\theta}\left(\cos\theta\Theta'+\sin\theta\Theta''\right)R=0 \tag{7.4.4}$$

上式可变换为

$$\frac{r^2R''+2rR'}{R}=-\frac{\Theta''+\cot\theta\Theta'}{\Theta} \tag{7.4.5}$$

其中，等号左边与θ无关；等号右边与r无关。等式要相等，只能都等于一个常数。设该常数为$n(n+1)$，则式（7.4.5）变为

$$\Theta''+\cot\theta\Theta'+n(n+1)\Theta=0 \tag{7.4.6}$$

$$r^2R''+2rR'-n(n+1)R=0 \tag{7.4.7}$$

式（7.4.6）为勒让德方程。只有当n为整数时，Θ在区间$[0,\pi]$内才有界，因此有

$$\Theta_n=\mathrm{P}_n(\cos\theta) \tag{7.4.8}$$

式（7.4.7）为欧拉方程，当$n=0$时，有

$$r^2R_0''+2rR_0'=0 \tag{7.4.9}$$

其通解为

$$R_0=C_0+D_0\ln r=C_0 \tag{7.4.10}$$

当$n>0$时，有

$$r^2R_n''+2rR_n'-n\left(n+1\right)R=0 \tag{7.4.11}$$

其通解为

$$R_n = C_n r^{-n-1} + D_n r^n = C_n r^{-n-1} \tag{7.4.12}$$

式（7.4.10）和式（7.4.12）均根据无穷远的有界性省略了通解中的第二项。因此，定解问题式（7.4.2）的通解为

$$u_2 = C_0 + \sum_{n=1}^{\infty} C_n r^{-n-1} \mathrm{P}_n(\cos\theta) \tag{7.4.13}$$

将边界条件式（7.4.2b）代入式（7.4.13）得

$$u_2(a,\theta) = C_0 + \sum_{n=1}^{\infty} C_n a^{-n-1} \mathrm{P}_n(\cos\theta) = E_0 a \cos\theta - u_0 \tag{7.4.14}$$

系数为

$$C_0 = -u_0，\quad C_1 = E_0 a^3，\quad C_n = 0 \ \ (n > 1) \tag{7.4.15}$$

因此

$$u_2 = -u_0 + E_0 a^3 r^{-2} \cos\theta \tag{7.4.16}$$

结合式（7.4.1）和式（7.4.16），定解问题式（7.4.2）的解为

$$u = u_1 + u_2 = E_0\left(a^3 r^{-2} - r\right)\cos\theta \tag{7.4.17}$$

7.5　连带的勒让德多项式

式（7.1.13）和式（7.1.14）分别给出了连带的勒让德方程和勒让德方程，为了方便，这里重新给出，即

$$\left(1-x^2\right)y'' - 2xy' + \left[n(n+1) - \frac{m^2}{1-x^2}\right]y = 0 \tag{7.5.1}$$

$$(1-x^2)y'' - 2xy' + n(n+1)y = 0 \tag{7.5.2}$$

对式（7.5.2）求导 m 次得

$$(1-x^2)y^{(m+2)} - 2mxy^{(m+1)} - m(m-1)y^{(m)} - 2xy^{(m+1)} - 2my^{(m)} + n(n+1)y^{(m)} = 0 \tag{7.5.3}$$

整理得

$$(1-x^2)y^{(m+2)} - 2(m+1)xy^{(m+1)} + \left[n(n+1) - m(m+1)\right]y^{(m)} = 0 \tag{7.5.4}$$

令

$$u = (1-x^2)^{\frac{m}{2}} y^{(m)} \tag{7.5.5}$$

式（7.5.4）变为

$$\left(1-x^2\right)u''-2xu'+\left[n(n+1)-\frac{m^2}{1-x^2}\right]u=0 \tag{7.5.6}$$

式（7.5.6）正是连带的勒让德方程，即式（7.5.1）。由于 $\mathrm{P}_n(x)$ 是式（7.5.2）的解，因此根据式（7.5.5），可知

$$\mathrm{P}_n^m\left(x\right)=(1-x^2)^{\frac{m}{2}}\frac{\mathrm{d}^m\mathrm{P}_n\left(x\right)}{\mathrm{d}x^m} \tag{7.5.7}$$

为连带的勒让德方程，即式（7.5.1）的解，称之为 n 次 m 阶连带的勒让德多项式。由于 $\mathrm{P}_n(x)$ 为 n 次勒让德多项式，因此有

$$\mathrm{P}_n^m\left(x\right)=0,\ \ m>n \tag{7.5.8}$$

连带的勒让德多项式在区间 $[-1,1]$ 内也是正交的。它的正交性表示为

$$\int_{-1}^{1}\mathrm{P}_k^m(x)\mathrm{P}_n^m(x)\mathrm{d}x=\begin{cases}0, & k\neq n\\ \dfrac{2(n+m)!}{(2n+1)(n-m)!}, & k=n>m\end{cases} \tag{7.5.9}$$

根据式（7.5.8），当 $m>k,n$ 时，式（7.5.9）中的积分为零。设 $k\geqslant n\geqslant m$，结合式（7.2.18） 和式（7.5.7），得式（7.5.9）中的积分为

$$I_{nk}^m=\frac{1}{2^{n+k}n!k!}\int_{-1}^{1}\left(1-x^2\right)^m\frac{\mathrm{d}^{m+n}\left(x^2-1\right)^n}{\mathrm{d}x^{m+n}}\mathrm{d}\frac{\mathrm{d}^{m+k-1}\left(x^2-1\right)^k}{\mathrm{d}x^{m+k-1}} \tag{7.5.10}$$

由于 $x=\pm1$ 是 $\left(1-x^2\right)^m\dfrac{\mathrm{d}^{m+n}\left(x^2-1\right)^n}{\mathrm{d}x^{m+n}}$ 的 m 重零点，因此将式（7.5.10）分部积分 m 次得

$$I_{nk}^m=\frac{(-1)^m}{2^{n+k}n!k!}\int_{-1}^{1}\frac{\mathrm{d}^m\left[\left(1-x^2\right)^m\dfrac{\mathrm{d}^{m+n}\left(x^2-1\right)^n}{\mathrm{d}x^{m+n}}\right]}{\mathrm{d}x^m}\frac{\mathrm{d}^k\left(x^2-1\right)^k}{\mathrm{d}x^k}\mathrm{d}x \tag{7.5.11}$$

由于 $x=\pm1$ 是 $\left(x^2-1\right)^k$ 的 k 重零点，因此将式（7.5.11）分部积分 n 次得

$$\begin{aligned}I_{nk}^m&=\frac{(-1)^{m+n}}{2^{n+k}n!k!}\int_{-1}^{1}\frac{\mathrm{d}^{m+n}\left[\left(1-x^2\right)^m\dfrac{\mathrm{d}^{m+n}\left(x^2-1\right)^n}{\mathrm{d}x^{m+n}}\right]}{\mathrm{d}x^{m+n}}\frac{\mathrm{d}^{k-n}\left(x^2-1\right)^k}{\mathrm{d}x^{k-n}}\mathrm{d}x\\&=\frac{(-1)^{m+n}}{2^{n+k}n!k!}\frac{(-1)^m(2n)!(n+m)!}{(n-m)!}\int_{-1}^{1}\frac{\mathrm{d}^{k-n}\left(x^2-1\right)^k}{\mathrm{d}x^{k-n}}\mathrm{d}x\end{aligned} \tag{7.5.12}$$

当 $k>n$ 时，有

$$\int_{-1}^{1}\frac{\mathrm{d}^{k-n}\left(x^2-1\right)^k}{\mathrm{d}x^{k-n}}\mathrm{d}x=0 \tag{7.5.13}$$

即

$$I_{nk}^{m}=0 \tag{7.5.14}$$

当$k=n$时，由式（7.3.7）可得

$$\int_{-1}^{1}\left(x^2-1\right)^n\mathrm{d}x=\frac{\left(-1\right)^n2^{2n+1}\left(n!\right)^2}{\left(2n+1\right)!} \tag{7.5.15}$$

即

$$I_{nn}^{m}=\frac{2\left(n+m\right)!}{\left(2n+1\right)\left(n-m\right)!} \tag{7.5.16}$$

根据式（7.5.14）和式（7.5.16），正交性得证。

低次阶的几个连带的勒让德多项式为

$$\mathrm{P}_1^1=\left(1-x^2\right)^{\frac{1}{2}} \tag{7.5.17}$$

$$\mathrm{P}_2^1=3x\left(1-x^2\right)^{\frac{1}{2}} \tag{7.5.18}$$

$$\mathrm{P}_2^2=3\left(1-x^2\right) \tag{7.5.19}$$

$$\mathrm{P}_3^1=\frac{3}{2}\left(5x^2-1\right)\left(1-x^2\right)^{\frac{1}{2}} \tag{7.5.20}$$

$$\mathrm{P}_3^2=15x\left(1-x^2\right) \tag{7.5.21}$$

$$\mathrm{P}_3^3=15\left(1-x^2\right)^{\frac{3}{2}} \tag{7.5.22}$$

小结

n 次勒让德方程的形式为

$$(1-x^2)y''-2xy'+n(n+1)y=0$$

当 n 为整数时，其两个线性无关的特解为 n 次勒让德多项式$\mathrm{P}_n(x)$和第二类勒让德函数$\mathrm{Q}_n(x)$。$\mathrm{P}_n(x)$在区间$\left[-1,1\right]$内是有界的，而$\mathrm{Q}_n(x)$在-1 和 1 两个点处是无界的。$\mathrm{P}_n(x)$可以表示成最高次为 n 的有限项多项式，即

$$\mathrm{P}_n(x)=\sum_{m=0}^{M}(-1)^m\frac{(2n-2m)!}{2^n m!(n-m)!(n-2m)!}x^{n-2m}$$

勒让德多项式函数系$\{\mathrm{P}_n(x)\}$（$n=0,1,2,3,\cdots$）在区间$[-1,1]$内是正交的，即

$$\int_{-1}^{1}\mathrm{P}_m(x)\mathrm{P}_n(x)\mathrm{d}x=\begin{cases}0, & m\neq n\\ \dfrac{2}{2n+1}, & m=n\end{cases}$$

根据正交性，可以将有界域内的有界函数展开成勒让德多项式的级数形式。

勒让德多项式可以用在分离变量法中求解球坐标系内的偏微分方程。

习题 7

1．计算$\int_{0}^{1}\mathrm{P}_2(x)\mathrm{P}_4(x)\mathrm{d}x$和$\mathrm{P}_5(1)-\int_{-1}^{1}x^7\mathrm{P}_9(x)\mathrm{d}x$。

2．将x^3-2在区间$[-1,1]$内展开成勒让德多项式的级数形式。

3．将$\mathrm{P}_l'(x)$在区间$[-1,1]$内展开成勒让德多项式的级数形式。

4．将$|x|$在区间$[-1,1]$内展开成勒让德多项式的级数形式。

5．将x^2在区间$[-2,2]$内展开成勒让德多项式的级数形式。

6．将$\cos^2\theta$在区间$[0,2\pi)$内展开成勒让德多项式的级数形式。

7．将定义在区间$[a,b]$内的$f(x)$展开成勒让德多项式的级数形式。

8．证明式（7.3.11）、式（7.3.12）和式（7.3.14）。

9．证明$\dfrac{1}{\sqrt{1+t^2-2tx}}=\sum_{n=0}^{\infty}t^n\mathrm{P}_n(x)$。

10．求解以下定解问题：

$$\begin{cases}\dfrac{1}{r^2}\dfrac{\partial}{\partial r}\left(r^2\dfrac{\partial u}{\partial r}\right)+\dfrac{1}{r^2\sin\theta}\dfrac{\partial}{\partial\theta}\left(\sin\theta\dfrac{\partial u}{\partial\theta}\right)=0, & 0\leqslant r\leqslant 1,\ 0\leqslant\theta\leqslant\pi\\ u(1,\theta)=\cos^2\theta, & 0\leqslant\theta\leqslant\pi\end{cases}$$

11．求解以下定解问题：

$$\begin{cases}\dfrac{1}{r^2}\dfrac{\partial}{\partial r}\left(r^2\dfrac{\partial u}{\partial r}\right)+\dfrac{1}{r^2\sin\theta}\dfrac{\partial}{\partial\theta}\left(\sin\theta\dfrac{\partial u}{\partial\theta}\right)=0, & 0\leqslant r\leqslant 1,\ 0\leqslant\theta\leqslant\pi\\ u(1,\theta)=3\cos 2\theta+1, & 0\leqslant\theta\leqslant\pi\end{cases}$$

12．求解以下定解问题：

$$\begin{cases} \dfrac{1}{r^2}\dfrac{\partial}{\partial r}\left(r^2\dfrac{\partial u}{\partial r}\right)+\dfrac{1}{r^2\sin\theta}\dfrac{\partial}{\partial\theta}\left(\sin\theta\dfrac{\partial u}{\partial\theta}\right)=0, & 0\leqslant r\leqslant 1,\ 0\leqslant\theta\leqslant\pi \\ u(1,\theta)=A,\ 0\leqslant\theta\leqslant\alpha, & u(1,\theta)=0,\ \alpha<\theta\leqslant\pi \end{cases}$$

13．求解以下定解问题：

$$\begin{cases} \dfrac{1}{r^2}\dfrac{\partial}{\partial r}\left(r^2\dfrac{\partial u}{\partial r}\right)+\dfrac{1}{r^2\sin\theta}\dfrac{\partial}{\partial\theta}\left(\sin\theta\dfrac{\partial u}{\partial\theta}\right)=0, & r>1,\ 0\leqslant\theta\leqslant\pi \\ u(1,\theta)=\cos^2\theta, & 0\leqslant\theta\leqslant\pi \end{cases}$$

附录 A　傅里叶变换表

傅里叶变换表如表 A.1 所示。

表 A.1　傅里叶变换表

象原函数	象函数
$f(x)$	$F(k)$
$f'(x)$	$\mathrm{j}kF(k)$
$f''(k)$	$-k^2F(k)$
$f(cx)$	$\frac{1}{\lvert c\rvert}F\left(\frac{k}{c}\right)$
$f(x-\xi)$	$F(k)\mathrm{e}^{-\mathrm{j}k\xi}$
$f(x)\mathrm{e}^{\mathrm{j}k_0x}$	$F(k-k_0)$
$\delta(x)$	1
1	$2\pi\delta(k)$
$\mathrm{e}^{\mathrm{j}k_0x}$	$2\pi\delta(k-k_0)$
$\cos k_0x$	$\pi\left[\delta(k+k_0)+\delta(k-k_0)\right]$
$\sin k_0x$	$\mathrm{j}\pi\left[\delta(k+k_0)-\delta(k-k_0)\right]$
$\frac{1}{\sqrt{2\pi}\sigma}\mathrm{e}^{-\frac{x^2}{2\sigma^2}}$	$\mathrm{e}^{-\frac{\sigma^2k^2}{2}}$
$\frac{1}{a^2+x^2}$，$\mathrm{Re}(a)<0$	$-\frac{\pi}{a}\mathrm{e}^{a\lvert k\rvert}$

附录 B　拉普拉斯变换表

拉普拉斯变换表如表 B.1 所示。

表 B.1　拉普拉斯变换表

象原函数	象函数
$f(t)$	$F(s)$
$f'(t)$	$sF(s)-f(0)$
$f''(t)$	$p^2F(s)-sf(0)-f'(0)$
$f(ct)$	$\frac{1}{\lvert c\rvert}F\left(\frac{s}{c}\right)$
$f(t-\tau)$	$F(s)\mathrm{e}^{-s\tau}$
$f(t)\mathrm{e}^{s_0t}$	$F(s-s_0)$
$\delta(t)$	1
$u(t)$	$\frac{1}{s}$
e^{at}	$\frac{1}{s-a}$
$\cos at$	$\frac{s}{s^2+a^2}$
$\sin at$	$\frac{a}{s^2+a^2}$
$\mathrm{erfc}\left(\frac{a}{2\sqrt{t}}\right)$，$a\geqslant 0$	$\frac{1}{s}\mathrm{e}^{-a\sqrt{s}}$

误差函数：$\mathrm{erf}(y)=\frac{2}{\sqrt{\pi}}\int_0^y \mathrm{e}^{-t^2}\mathrm{d}t$，$\mathrm{erf}(+\infty)=1$。

余误差函数：$\mathrm{erfc}(y)=1-\mathrm{erf}(y)$。

反侵权盗版声明

举报电话：（010）88254396；（010）88258888
传　　真：（010）88254397
E-mail：dbqq@phei.com.cn
通信地址：北京市万寿路 173 信箱
电子工业出版社总编办公室
邮　　编：100036